Django+Vue

系统架构设计与实现

黄永祥　著

清华大学出版社

北京

内 容 简 介

本书以一个网站系统的构建为主线，以 Django 和 Vue.js 为核心框架，逐步深入讲述网站系统架构设计和实现技术，分别从前后端开发和运维技术等多方面讲述如何设计和搭建系统架构。前端采用 Vue 框架开发系统网页，后端采用 Django + MySQL 框架搭建系统后台，并深入讲述项目的部署方案、集群架构、负载均衡和分布式架构等技术实施。

本书注重案例教学，讲解深入浅出，适合有一定 Django 和 Vue 基础的开发人员和网站开发人员阅读，尤其适合缺少项目经验的读者，也可用作培训机构和高校相关专业的教学用书。

图书在版编目（CIP）数据

Django+Vue 系统架构设计与实现 / 黄永祥著. —北京：清华大学出版社，2023.5（2025.1重印）
ISBN 978-7-302-63579-6

I. ①D… II. ①黄… III. ①软件工具—程序设计 IV. ①TP311.561

中国国家版本馆 CIP 数据核字（2023）第 090909 号

责任编辑：王金柱
封面设计：王　翔
责任校对：闫秀华
责任印制：刘　菲

出版发行：清华大学出版社
　　　　　　网　　　址：https://www.tup.com.cn, https://www.wqxuetang.com
　　　　　　地　　　址：北京清华大学学研大厦 A 座　　　　邮　　编：100084
　　　　　　社 总 机：010-83470000　　　　　　　　　　邮　　购：010-62786544
　　　　　　投稿与读者服务：010-62776969，c-service@tup.tsinghua.edu.cn
　　　　　　质 量 反 馈：010-62772015，zhiliang@tup.tsinghua.edu.cn

印 装 者：大厂回族自治县彩虹印刷有限公司
经　　销：全国新华书店
开　　本：185mm×235mm　　　**印　张**：18.75　　　**字　数**：450 千字
版　　次：2023 年 7 月第 1 版　　　　　　　　　**印　次**：2025 年 1 月第 2 次印刷
定　　价：99.00 元

产品编号：097545-01

前　言

　　系统架构是网站运行的根本，任何一个网站都需要设计相应的系统架构。我们常说的集群、分布式和微服务架构只是系统架构的一部分内容，往深一层理解，系统架构包含每个功能的实现过程，一个网站的所有功能组成了完整的系统架构。由于网站的每个功能需求各不相同，导致实现技术也各不相同，并且同一个功能也有不同的实现方案，因此系统架构设计方案不是唯一的，但可以从众多方案中选择最优方案。

　　总的来说，系统架构是不同网站技术的灵活运用，根据业务需求设计最优的解决方案，这是编程的艺术设计。本书以一个网站前后端架构设计为主线，分别介绍了 Django、Vue 在网站系统开发中的应用，包括前端架构设计、后端架构设计、数据库设计、容器部署、集群搭建，以及分布式、微服务、负载均衡等大型网站架构技术等。读者通过阅读本书，能够完整地了解企业级项目开发的全流程，对于今后高效掌握大型系统的开发流程、确保项目的顺利进行大有裨益。

本书结构

　　本书共 10 章，各章内容概述如下：

　　第 1 章介绍 Vue 入门开发基础，分别讲述了 Vue 开发环境搭建、创建和配置 Vue 项目、开发与运行网站页面。

　　第 2 章介绍如何使用 Django 开发 API 接口，包括 Django 的基本配置、原生语法开发 API 接口、使用内置 Admin 搭建系统后台。

　　第 3 章介绍项目部署方案，以 Linux 部署环境为例，分别讲述 Vue、MySQL、Django、Nginx 的部署过程。

　　第 4 章介绍网站架构的基础知识，讲述网站的演变过程、集群、分布式和微服务的基础知识。

　　第 5 章介绍网站常用技术，包括 DNS 域名解析、内容分发网络、网络代理、消息队列和数据存储的技术方案。

　　第 6 章介绍 Docker 容器技术，包括 Docker 基础知识，安装与常用指令，分别使用 Docker 部署 MySQL、Vue 和 Django。

　　第 7 章介绍前端架构设计，包括前端的集群、负载均衡和分布式的架构设计方案。

　　第 8 章介绍后端架构设计，包括后端的集群和微服务的架构设计方案。

第 9 章介绍数据库架构设计，包括数据库集群方案和分布式技术。

第 10 章介绍常见的系统架构设计技术，包括分布式会话、分布式缓存、消息队列、分布式搜索引擎、分布式事务、分布式锁、分布式 ID，以及降级、限流和熔断的技术方案。

源码下载

本书所有程序源码均在 Django4 和 Vue3 下调试通过，源码可扫描以下二维码下载。

如果你在下载过程中遇到问题，可发送邮件至 booksaga@126.com 获得帮助，邮件标题为"Django+Vue 系统架构设计与实现"。

读者对象

本书主要适合以下读者阅读：

- 缺少项目经验，想系统学习 Django+Vue 网站开发和架构设计的人员。
- Django+Vue 初级开发工程师和从事 Python 网站开发的技术人员。
- 校训机构和高校相关专业的学生。

虽然笔者力求本书更臻完美，但限于水平，书中难免会有疏漏，特别是技术版本更新可能导致源码在运行过程中出现问题，欢迎广大读者和专家给予指正，笔者将十分感谢。

黄永祥

2023 年 3 月 14 日

目　　录

第 1 章

项目前端开发之 Vue

1

本书介绍的是一个大型网站系统的开发，该系统为一个前后端分离项目。本章首先介绍项目前端部分的开发，前端部分重点使用当前流行的 Vue.js 框架，主要内容涉及构建开发环境、项目搭建、配置，以及前端的两个组件（用户登录组件和产品查询组件）的开发。

本章学习内容：

- 前端框架概述
- 在 Windows 系统下安装 Node.js
- npm 的配置与使用
- Vue 脚手架搭建与运行项目
- PyCharm 配置 Vue 编码环境
- Vue 目录结构与依赖安装
- 设置项目公共资源
- 功能配置与应用挂载
- 用户登录组件
- 产品查询组件
- 网站运行效果

1.1　前端框架概述

网站开发分为后端渲染和前后端分离，目前大多数采用前后端分离架构。前后端分离架构把前端与后端独立开发，两者的代码能放在不同服务器独立部署，将整个网站分为两个不同工程实现，工程之间通过 API 接口实现数据交互，前端只需要关注页面的样式与动态数据的解析和渲染，而后端专注于具体业务逻辑实现。

　　无论是前端还是后端，在网站开发过程中都离不开框架支持，这并不是说网站开发必须使用框架，但使用框架开发能避免重复造轮子，提高开发效率。

　　前端主要由 HTML、CSS 和 JavaScript 三部分组成，其中 CSS 和 JavaScript 都有相应的框架或模块，如 Bootstrap、jQuery 等。但是前后端分离的前端框架并非指 CSS、JavaScript 的某个框架或模块，它是将 HTML、CSS 和 JavaScript 按照约定规则使整个网站能独立运行的框架。

　　现在前端主流框架有 React、Vue 和 Angular。在国内，Vue 的市场份额相当大，许多企业都采用 Vue 框架开发网站，这归于 Vue 比 React 或 Angular 更容易上手，国内生态和教程相对完善。

　　Vue 是一套用于构建用户界面的渐进式框架，它被设计为可以自底向上逐层应用。Vue 的核心库只关注视图层，不仅易于上手，还便于与第三方包或已有的项目整合。另一方面，当 Vue 与现代化的工具链以及各种类包结合使用时，Vue 完全能够为复杂的单页应用提供驱动。

　　简单的 Vue 入门可以在 HTML 网页中直接引入 Vue.js，这是将 Vue 当成 JavaScript 模块引入使用，比如下述示例代码：

```
<!DOCTYPE html>
<html>
<head>
    // 引入 Vue.js
    <script src="https://unpkg.com/vue@next"></script>
</head>
<body>
    <div id="app">
      {{ message }}
    </div>
    // 创建 Vue 对象
    <script>
    const app = {
      data() {
         return {
           message: 'Hello Vue!!'
         }
      }
    }
    // 挂载 Vue 对象
```

```
    Vue.createApp(app).mount('#app')
    </script>
</body>
</html>
```

从企业级开发角度来说，Vue 开发必须在 Node.js 和 Webpack 的开发环境下运行，使用 Vue 脚手架构建项目，以及使用 npm 安装相关依赖库或模块，详细说明如下：

- Node.js 发布于 2009 年 5 月，它是基于 Chrome V8 引擎的 JavaScript 环境运行的，这是事件驱动、非阻塞式 I/O 模型，让 JavaScript 在服务端运行的开发平台，使 JavaScript 成为与 PHP、Python、Java 等服务端语言平起平坐的脚本语言。简单来说，Node.js 就是使用 JavaScript 开发的后端语言。
- Webpack 称为模块打包机，主要用于分析项目结构，找到 JavaScript 模块以及浏览器不能直接运行的拓展语言（如 Scss 或 TypeScript 等），将其打包为合适的格式以供浏览器直接使用，并且 Webpack 必须通过 Node.js 环境完成模块打包过程。
- Vue 脚手架是一个基于 Vue.js 进行快速开发的完整系统，用于实现项目的交互式搭建和零配置原型开发（通过指令以及提示完成项目搭建），它是基于 Webpack 构建项目的，并且带有合理的默认配置。
- npm 是 JavaScript 的包管理工具，并且是 Node.js 默认的包管理工具，可以实现下载、安装、共享、分发代码和管理项目依赖关系等功能。

从 Vue 的发展来说，目前主要分为 Vue2 和 Vue3 版本，Vue3 兼容大部分 Vue2 的特性，但两者在使用上还是有明显差异的。由于 Vue2 和 Vue3 的版本差异问题，导致 Vue 脚手架也分为 @vue/cli 和 vue-cli 版本，@vue/cli 兼容 Vue2 和 Vue3，vue-cli 只适用于 Vue2。

1.2　在 Windows 系统下安装 Node.js

使用 Vue 开发项目必须学会搭建 Vue 开发环境，因此必须搭建 Node.js 的开发环境。接下来以 Windows 系统为例，讲述如何安装 Node.js 的运行环境。

使用浏览器访问 Node.js 官网，在官网首页就能看到 Windows 系统的安装包，如图 1-1 所示。

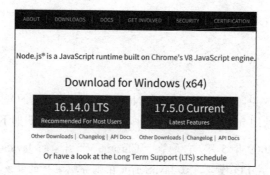

图 1-1   Node.js 官网

建议读者下载 16.14.0 LTS 版本，这是 Node.js 的稳定版本，而 17.5.0 Current 是最新版本，但可能存在尚未发现的 Bug。如果是非 Windows 操作系统，可以单击网页上的 DOWNLOADS 链接，找到对应操作系统的安装包，如图 1-2 所示。

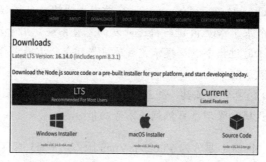

图 1-2   Node.js 下载页

Windows 系统下载的 Node.js 安装包是 MSI 格式的文件，只要双击 MSI 文件即可看到程序安装提示框，如图 1-3 所示。

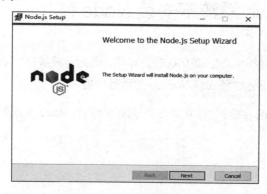

图 1-3   Node.js 安装界面

一般情况下，使用 MSI 文件安装 Node.js 默认会设置 Node.js 的环境变量和安装 npm 工具，安装选项在安装界面也有相关提示，如图 1-4 所示。

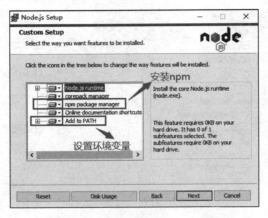

图 1-4　安装选项

只要按照安装提示和操作即可完成整个安装过程，我们将 Node.js 的安装目录设置为 C:\Program Files\nodejs。安装完成后，打开 CMD 窗口输入并执行指令 node -v 即可查看 Node.js 的版本信息，如图 1-5 所示。

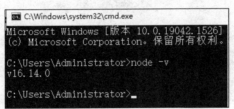

图 1-5　Node.js 版本信息

Node.js 默认安装 npm 工具，在 CMD 窗口输入并执行指令 npm -v 查看 npm 工具的版本信息，如图 1-6 所示。

图 1-6　npm 工具的版本信息

如果在 CMD 输入 node -v 无法查看 Node.js 的版本信息，则说明 Node.js 没有添加到系统的环境变量中。以 Windows 10 系统为例，在桌面上找到"此电脑"图标，右击选择"属性(R)"将自动出现"设置"界面，如图 1-7 所示。

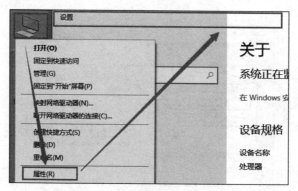

图 1-7　打开"设置"界面

在"设置"界面找到并单击"高级系统配置"，计算机将出现"系统属性"界面，然后单击"环境变量(N)"按钮，找到"系统变量"的变量 Path 并双击打开"编辑环境变量"界面，将 Node.js 安装目录写入变量 Path 即可，如图 1-8 所示。

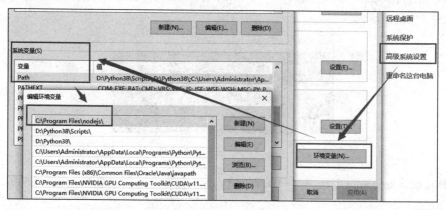

图 1-8　设置 Node.js 环境变量

1.3　npm 的配置与使用

Node.js 安装成功后，打开 C:\Users\Administrator\AppData\Roaming 文件夹，分别找到 npm 和 npm-cache 文件夹，如图 1-9 所示。如果没有使用过 npm 指令，则不会生成 npm-cache 文件夹。

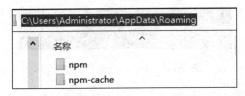

图 1-9　npm 和 npm-cache 文件夹

　　默认情况下，只要使用 npm 进行包管理操作，所有包信息都会存放在如图 1-9 所示的 npm 和 npm-cache 文件夹。此外，npm 允许用户自行设置包信息的存放路径，只要在 CMD 窗口分别输入以下指令即可：

```
// 设置包信息的存放路径
npm config set prefix "路径信息"
// 设置包信息缓存的存放路径
npm config set cache "路径信息"
```

　　如果没有特殊需要，建议不要更改包信息的存放路径，因为设置过程中可能需要设置 npm 在操作系统中的环境变量。

　　由于国内的网络问题，某些包无法在国内的网络下载，因此允许用户设置 npm 下载镜像的网站，以淘宝源为例，在 CMD 窗口输入以下指令即可：

```
// 设置 npm 下载镜像的网站
npm config set registry=http://registry.npm.taobao.org
```

　　下一步在 CMD 窗口输入 npm config list 指令查看 npm 的配置信息，本书的 npm 配置信息如图 1-10 所示。

```
C:\Users\Administrator>npm config list
; "builtin" config from C:\Program Files\nodejs\node_modules\npm\npmrc

prefix = "C:\\Users\\Administrator\\AppData\\Roaming\\npm"

; "user" config from C:\Users\Administrator\.npmrc

registry = "http://registry.npm.taobao.org/"

; node bin location = C:\Program Files\nodejs\node.exe
; cwd = C:\Users\Administrator
; HOME = C:\Users\Administrator
; Run `npm config ls -l` to show all defaults.
```

图 1-10　npm 配置信息

　　从图 1-10 发现，C:\Program Files\nodejs\node_modules\npm 存在 npmrc 和.npmrc 文件，这是 npm 的默认配置信息；而 C:\Users\Administrator 存在.npmrc 文件，这是用户自行设置 npm 的配置信息。

　　最后在 CMD 窗口输入 npm list -global 查看 npm 已下载的包信息，如图 1-11 所示。

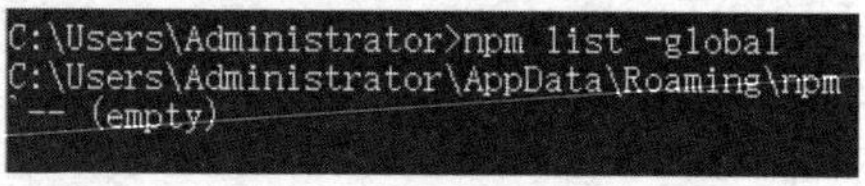

图 1-11　npm 已下载的包信息

从图 1-11 看到，当前操作系统尚未使用 npm 下载任何程序包，而搭建 Vue 开发环境则需要使用 npm 下载 Vue 脚手架。我们在 CMD 窗口输入 npm install -g @vue/cli 指令即可下载@vue/cli 版本。下载成功后，在 C:\Users\Administrator\AppData\Roaming\npm 文件夹就能找到@vue/cli 版本信息，如图 1-12 所示。

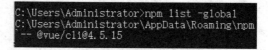

图 1-12　@vue/cli

我们也能在 CMD 窗口输入 npm list -global 查看当前已下载的程序包信息，如图 1-13 所示。

图 1-13　查看程序包信息

从上述例子发现，npm 主要通过指令方式实现程序包管理，有关 npm 指令的说明与使用可以参考官方文档。

1.4　Vue 脚手架搭建与运行项目

我们通过 npm 指令下载 Vue 脚手架@vue/cli，下一步使用@vue/cli 创建 Vue 项目。打开 CMD 窗口分别输入以下指令：

```
//将 CMD 当前路径切换到 e 盘
C:\Users\Administrator>e:
//使用 vue create 创建项目，myvue3 为项目名称
E:\>vue create myvue3
```

使用 vue create 指令创建 Vue 项目，项目名称不能有大写字母，所有字母必须小写，否则指令将提示异常，如图 1-14 所示。

图 1-14　异常信息

执行 vue create 指令之后，CMD 界面将出现操作提示，如图 1-15 所示。

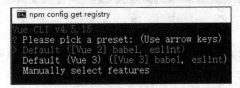

图 1-15　操作提示

图 1-15 一共出现了 3 条操作提示，每条操作提示说明如下。

（1）Default ([Vue 2] babel, eslint)：创建 Vue2 版本的项目。

（2）Default (Vue 3) ([Vue 3] babel, eslint)：创建 Vue3 版本的项目。

（3）Manually select features：自定义创建项目，允许用户自行选择 Vue 版本、Vue 插件等。

我们选择 Default (Vue 3) ([Vue 3] babel, eslint)创建 Vue3 项目，如图 1-16 所示。

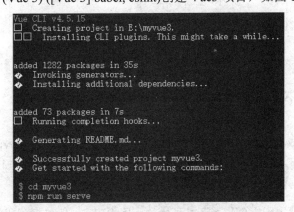

图 1-16　创建 Vue3 项目

根据图 1-16 的操作提示，将当前 CMD 窗口切换到 myvue3 文件夹，并执行 npm run serve 指令，即可启动 Vue，如图 1-17 所示。

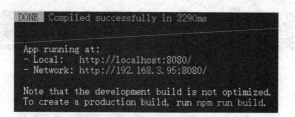

图 1-17　启动 Vue

在浏览器访问 http://localhost:8080/或 http://192.168.3.95:8080/（192.168.3.95 是当前计算机所在局域网的 IP 地址）即可看到 Vue 页面，如图 1-18 所示。

图 1-18　Vue 页面

1.5　PyCharm 配置 Vue 编码环境

我们已在 E 盘下成功创建了 myvue3 项目，下一步是对新建项目 myvue3 进行开发。程序开发最好在集成开发环境（Integrated Development Environment，IDE）下进行，不同编程语言有不同的集成开发环境，也有一些集成开发环境能兼容多种编程语言。

集成开发环境主要用于提供程序开发环境的应用程序，一般包括代码编辑器、编译器、调试器和图形用户界面等工具。简单来说，集成开发环境就是允许用户编写和运行代码的软件。

前端常用的集成开发环境有 HBuilder、WebStorm、Atom、Visual Studio Code 等。其中，Atom 和 Visual Studio Code 支持多种编程语言，只要在软件中安装编程语言的插件即可。

由于本书涉及前后端分离的项目开发，后端采用 Python 的 Django 框架实现，为了兼容前后端的项目开发，我们将前端的集成开发环境选用 PyCharm。

PyCharm 配置 Vue 编码环境只需在 PyCharm 中安装 Vue 插件即可。使用 PyCharm 打开项目文件夹 myvue3，在 PyCharm 界面左上方单击 File 按钮，找到 Settings 选项，如图 1-19 所示。

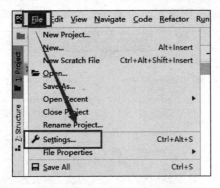

图 1-19　打开 PyCharm 设置

在 Settings 界面单击 Plugins 选项，然后在 Plugins 界面下搜索 Vue，从搜索结果中找到并安装 Vue.js 插件，如图 1-20 所示。

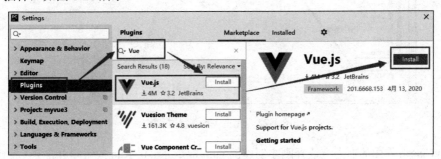

图 1-20　安装 Vue.js 插件

Vue.js 插件安装后，PyCharm 将提示重启软件，单击 Restart 按钮后等待 PyCharm 重启即可，如图 1-21 所示。

图 1-21　重启软件

当 PyCharm 再次打开项目文件夹 myvue3 后，在 PyCharm 中配置 Vue 的运行指令。单击右上方的 Add Configuration 按钮打开 Run/Debug Configurations 界面；然后在当前界面单击 "+" 按钮并选择 npm 选项；最后在 npm 配置界面的 Scripts 中填写 serve 即可，如图 1-22 所示。

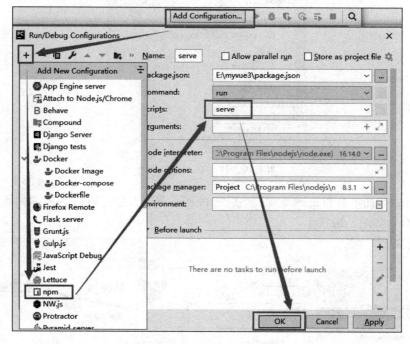

图 1-22　配置 Vue 运行指令

在 PyCharm 界面的右上方选择刚才创建的 npm 指令并单击 Run 按钮即可在 PyCharm 中运行 Vue 项目，如图 1-23 所示。

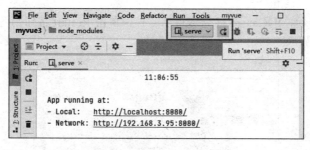

图 1-23　运行 Vue 项目

1.6　Vue 目录结构与依赖安装

在 PyCharm 中成功搭建 Vue 的编码环境后，下一步是在 PyCharm 中开发 Vue 项目。首先明确开发需求，本书主要实现两个页面：用户登录和产品查询，每个页面的功能说明如下：

（1）当用户在"用户登录"页面输入账号和密码之后，前端将进行简单判断，如果账号和密码不为空，则向后端发送 HTTP 请求验证用户信息，当验证成功之后，浏览器自动跳转到产品查询页面。

（2）"产品查询"页面允许用户设置条件进行查询，并能根据查询结果删除部分数据，删除功能只是删除网页上展示的数据，原则上不会删除后端的数据。

明确开发需求之后，下一步打开项目文件夹 myvue3 查看 Vue3 的目录结构，如图 1-24 所示。

图 1-24　Vue3 的目录结构

在 Vue3 项目中，每个文件夹与文件的说明如下。

（1）node_modules：npm 加载项目的依赖模块或程序包。

（2）public：公共资源目录，如 CSS、首页 index.html、JavaScript、ico 图标或图片等，这些静态资源主要用于整个网站。

（3）src：Vue 开发文件夹，包含 assets 和 components 文件夹，以及 App.vue 和 main.js 文件。

（4）src/assets：存放图片、CSS 或 JavaScript 等文件，这些静态资源主要用于网站的部分页面。

（5）src/components：存放 Vue 组件文件。组件是 Vue 最强大的功能之一，可以扩展 HTML 元素，封装可重用代码。

（6）src/App.vue：项目入口文件。

（7）src/main.js：项目的核心文件，用于创建和挂载 Vue 对象、定义路由等。

（8）.gitignore：用于 Git 管理项目版本。

（9）babel.config.js：这是 JavaScript 编译器，将 ECMAScript 2015+版本代码转换成能向后兼容的 JavaScript 语法，解决浏览器兼容性问题。

（10）package.json：项目配置文件，定义项目中需要依赖的包，在创建项目的时候会自动生成。

（11）package-lock.json：记录所有模块的版本号，包括主模块和所有依赖子模块。

（12）README.md：项目的说明文档。

了解了 Vue3 的目录结构之后，下一步在项目中安装相关依赖模块或程序包。大部分 Vue 项目都要用到路由和 Ajax 请求，而路由功能大多数选择 vue-router 实现，Ajax 请求则选择 axios 和 vue-axios 实现。

因此，在项目文件夹 myvue3 分别安装 vue-router、axios 和 vue-axios。打开 CMD 窗口并将路径切换至项目文件夹 myvue3，然后分别输入 npm 安装指令，代码如下：

```
//切换 E 盘
C:\Users\Administrator>e:
//切换至 E 盘的 myvue3 文件夹
E:\>cd myvue3
//安装 vue-router
E:\myvue3>npm install vue-router
//安装 axios
E:\myvue3>npm install axios
//安装 vue-axios
E:\myvue3>npm install vue-axios
```

相关依赖模块或程序包安装成功后，打开项目文件 package.json 就能看到模块或程序包的版本信息，如图 1-25 所示。

```
 1  {
 2      "name": "myvue3",
 3      "version": "0.1.0",
 4      "private": true,
 5      "scripts": {
 6          "serve": "vue-cli-service serve",
 7          "build": "vue-cli-service build",
 8          "lint": "vue-cli-service lint"
 9      },
10      "dependencies": {
11          "axios": "^0.25.0",
12          "core-js": "^3.6.5",
13          "vue": "^3.0.0",
14          "vue-axios": "^3.4.1",
15          "vue-router": "^4.0.12"
```

图 1-25　package.json

1.7　设置项目公共资源

我们选择 Bootstrap 框架编写网页的 CSS 样式，因此将 Bootstrap 框架的代码文件放在项目的公共资源文件夹 public。首先在 public 文件夹删除 favicon.ico 文件，然后分别放置 bootstrap.css、bootstrap.js、jquery-3.3.1.js 和 xxyy.ico 文件，整个文件夹的目录结构如图 1-26 所示。

图 1-26　public 文件夹

在 PyCharm 打开 public 文件夹中的 index.html 文件，分别设置 HTML 的<title>和导入 public 的 CSS、JS 和 ICO 图标文件，完整代码如下：

```
<!DOCTYPE html>
<html>
<head>
    <meta charset="utf-8">
    <meta name="viewport" content="width=device-width,initial-scale=1.0">
    <!-- Favicon and Touch Icons-->
    <link rel="shortcut icon" href="xxyy.ico"/>
```

```
      <link rel="stylesheet" href="bootstrap.css">
      <title>数据平台</title>
</head>
      <body>
      <div id="app"></div>
      <!-- Javascript Files -->
      <script src="jquery-3.3.1.js"></script>
      <script src="bootstrap.js"></script>
      </body>
</html>
```

在上述代码中，在<head>标签中使用<link>将 bootstrap.css 和 xxyy.ico 导入 HTML 代码，而<body>标签的最后两行代码使用<script>导入 bootstrap.js 和 jquery-3.3.1.js。

整个 index.html 文件为项目所有页面提供基础的<head>标签和<body>标签，也就是说，整个项目的<head>标签都是相同的，<body>标签都会导入 bootstrap.js 和 jquery-3.3.1.js，唯独<body>标签里面的 id="app"的<div>标签内容各不相同。

从 Vue 架构设计来看，index.html 文件类似于一个父类模板，它将整个网站所有页面相同的网页布局抽取出来，不同网页布局的部分保留一个 id="app"的<div>标签作为扩展接口，这样能提高代码的复用性，便于维护和管理。

从代码布局来看，导入 JS 文件必须在<body>标签末端位置，因为浏览器加载网页的时候都是从上到下执行代码的，在<head>标签开始导入 JS 文件，如果 JS 文件内容过多或存在阻塞程序，就会增加网页加载时间，这样对用户体验十分不友好。

1.8　功能配置与应用挂载

本章主要在 src 的 main.js 和 App.vue 设置项目的功能配置和应用挂载。首先分析前端开发需求，项目主要实现用户登录和产品查询功能页面，在实现过程中需要对每个页面设置相应的路由和 Ajax 请求，因此 src 的 main.js 的代码如下：

```
// 导入 Vue
import { createApp } from 'vue'
// 导入 Vue 扩展插件
import axios from 'axios'
import VueAxios from 'vue-axios'
import { createRouter, createWebHistory } from 'vue-router'
// 导入组件
```

```
import App from './App.vue'
import Product from './components/Product.vue'
import Signin from './components/Signin.vue'

// 定义路由
const routes = [
  { path: '/', component: Signin },
  { path: '/product', component: Product },
]
// 创建路由对象
const router = createRouter({
  // 设置历史记录模式
  history: createWebHistory(),
  // routes: routes 的缩写
  routes,
})
// 创建 Vue 对象
const app = createApp(App)
// 将路由对象绑定到 Vue 对象
app.use(router)
// 将 vue-axios 与 axios 关联并绑定到 Vue 对象
app.use(VueAxios,axios)
// 挂载使用 Vue 对象
app.mount('#app')
```

我们将 main.js 的代码划分为 4 部分加以说明：

（1）导入 vue、axios、vue-axios 和 vue-router 的函数或变量。关键字 import 后面是导入模块的函数或变量，其中 vue 和 vue-router 通过{}方式导入，这是 ES6 的语法，代表部分函数或变量；如果没有使用{}导入，则代表全部导入。除此之外，我们还导入了同一目录的 App.vue 和 components 的 Product.vue 和 Signin.vue 文件。

（2）定义路由变量 routes，变量以数组表示，数组的每个元素以字典表示，每个字典有两对键-值对：键-值对 path 代表路由地址；键-值对 component 代表路由对应的组件名称，即 components 的 Product.vue 和 Signin.vue 文件导入的 Product 和 Signin。

（3）由 vue-router 导入 createRouter()函数创建路由对象 router，函数参数以字典表示，键-值对 history 代表历史记录模式，值为 createWebHistory()函数；键-值对 routes 代表键和值都是 routes，其中键为 routes 代表名称，值为 routes 代表自定义路由变量 routes，两者虽然名字相同，但却有不同的意思。

（4）使用 Vue 框架导入 createApp()函数创建 Vue 对象 app，函数参数 App 代表同一目录 App.vue 的变量 App。由 Vue 对象 app 调用 use()添加路由对象 router，将 vue-axios 的 VueAxios 和 axios 的 axios 关联并绑定到 Vue 对象。最后由 Vue 对象 app 调用 mount()挂载 Vue 对象（运行 Vue 对象），函数参数#app 代表 App.vue 的 id="app"的<div>标签。

综上所述，整个 Vue 功能配置说明如下：

（1）从 Vue 框架、依赖模块或程序包导入变量或函数，导入同一目录的 App.vue 和 components 的组件文件。

（2）如果依赖模块或程序包需要自定义变量，则按照语法规则定义变量；然后由 Vue 框架 的函数创建 Vue 对象，并将依赖模块或程序包的变量传入 Vue 对象；最后由 Vue 对象调用 mount() 函数挂载运行。

下一步打开同一目录的 App.vue 文件，该文件的代码如下：

```
<template>
  <div id="app">
    <router-view/>
  </div>
</template>

<script>
export default {
  name: 'App'
}
</script>
```

我们将 App.vue 的代码分为 3 部分加以说明：

（1）<template>用于设置组件内容，组件文件以.vue 后缀名表示。id="app"的<div>标签对应 public 的 index.html 的 id="app"的<div>标签，同时也对应 main.js 的 app.mount('#app')的参数#app。 换句话说，App.vue 的 id="app"的<div>标签、index.html 的 id="app"的<div>标签、main.js 的 app.mount('#app')的参数#app 构成整体关联。

（2）<template>的<router-view/>用来渲染路由所对应的组件，比如 main.js 设置路由"/"， 代表首页地址（http://localhost:8080），当访问首页时，Vue 就会在<router-view/>中渲染组件文 件 Signin.vue。

（3）<script>的 export default 用于设置 App.vue 的导出变量，允许被其他文件导入使用。export default 的 name 是变量名，'App'是变量 name 的值。整个 export default 与 main.js 的 import App from

'./App.vue'的 App 对应，虽然 main.js 的 App 与 export default 里面的'App'相同，但两者却有不同的意思。

综上所述，src 的 main.js、App.vue 和 public 的 index.html 存在架构设计关联，若以图解方式表示，则三者的架构设计关系如图 1-27 所示。

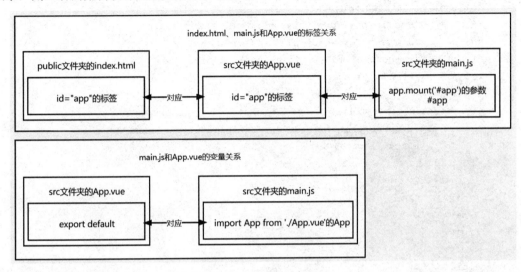

图 1-27 架构设计关系图

1.9 用户登录组件

我们已在 src 的 main.js 中导入了组件文件 Signin.vue，因此本节讲述如何在组件文件 Signin.vue 中开发用户登录页面。

首先在项目文件夹 components 中新建 Signin.vue，然后在 PyCharm 中打开 Signin.vue 编写用户登录的网页代码，示例代码如下：

```
<template>
  <div class="main-layout card-bg-1">
  <div class="container d-flex flex-column">
  <div class="row no-gutters text-center align-items-center
  justify-content-center min-vh-100">
  <div class="col-12 col-md-6 col-lg-5 col-xl-4">
    <h1 class="font-weight-bold">用户登录</h1>
    <p class="text-dark mb-3">民主、文明、和谐、自由、平等</p>
    <div class="mb-3">
```

```
      <div class="form-group">
        <label for="username" class="sr-only">账号</label>
        <input type="text" class="form-control form-control-md"
          id="username" placeholder="请输入账号" v-model="username">
      </div>
      <div class="form-group">
        <label for="password" class="sr-only">密码</label>
        <input type="password" class="form-control
          form-control-md" id="password" placeholder="请输入密码"
          v-model="password">
      </div>
      <button class="btn btn-primary btn-lg btn-block
        text-uppercase font-weight-semibold" type="submit"
        @click="login()">登录
      </button>
    </div>
  </div>
  </div>
  </div>
</template>

<script>
export default {
  name: 'Signin',
  data () {
    return {
      username: '',
      password: ''
    }
  },
  methods: {
    login: function () {
      // 判断是否输入账号
      if (this.username.length > 0 && this.password.length > 0) {
        // 向后端发送 POST 请求
        let data = new FormData();
        data.append('username',this.username);
        data.append('password',this.password);
        this.axios.post('http://127.0.0.1:8000/',data).then((res)=>{
          // 若 POST 请求发送成功，则获取响应结果的 result
```

```
            // 如果 result 为 true，则说明存在此用户
            if (res.data.result) {
                // 将访问路由 chat，并设置参数
                this.$router.push({
                    path: '/product'
                })
            } else {
                // 当前用户不在后端的数据库中
                window.alert('账号不存在或异常')
                // 清空用户输入的账号和密码
                this.username = ''
                this.password = ''
            }})).catch(function () {
            // PSOT 请求发送失败
            window.alert('账号获取失败')
            // 清空用户输入的账号和密码
            this.username = ''
            this.password = ''
            })
        } else {
            // 提示没有输入账号或密码
            window.alert('请输入账号或密码')
        }
    }
}
</script>

<style scoped>
    .text-center {
        text-align: center!important;
    }
    .min-vh-100 {
        min-height: 100vh!important;
    }
    .align-items-center {
        align-items: center!important;
    }
    .justify-content-center {
        justify-content: center!important;
    }
```

```
    .no-gutters {
        margin-right: 0;
        margin-left: 0;
    }
    .row {
        display: flex;
        flex-wrap: wrap;
        margin-right: -15px;
        margin-left: -15px;
    }
    *, :after, :before {
        box-sizing: border-box;
    }
</style>
```

分析上述代码，我们将代码分为 4 部分进行说明：

（1）<template>是给开发者编写网页的 HTML 代码，网页样式使用 Bootstrap 框架实现，分别设有账号和密码输入框、登录按钮。账号和密码输入框使用 Vue 语法的 v-model 实现网页元素和数据的双向绑定，用于监听用户输入和程序更新数据。登录按钮使用@click 绑定函数 login()，用于触发用户登录请求。

（2）<script>的 export default 设置 Signin.vue 的导出变量，它将被 Vue 框架导入并执行。一共设置了 3 个变量：name、data 和 methods，这 3 个变量名是 Vue 语法规定的。变量 name 设置组件名称；变量 data 为开发者提供自定义变量；变量 methods 为开发者提供自定义函数方法。

（3）代码中的变量 data 分别定义了变量 username 和 password，对应<template>的 v-model="username"和 v-model="password"；变量 methods 定义函数 login()，使用 Ajax 向后端发送 HTTP 请求验证用户完成登录，其中 this.axios 代表 main.js 的 vue-axios 与 axios 关联并绑定到 Vue 对象，this.$router.push 代表 main.js 绑定路由对象 router 执行路由跳转，this.username 和 this.password 是变量 data 的自定义变量 username 和 password。

（4）<style scoped>设置组件文件的私有化 CSS 样式，scoped 属性保证当前 CSS 样式只在当前组件文件中生效。

1.10 产品查询组件

产品查询组件是在用户登录成功后通过 this.$router.push 方式进行访问的，它主要实现产品的条件查询、数据展示和数据删除功能。

首先在项目文件夹 components 中新建 Product.vue，然后在 PyCharm 中打开 Product.vue 编写产品查询的网页代码，示例代码如下：

```
<template>
<div class="container">
<hr>
<form role="form">
  <div class="form-group">…………………①
    <label class="text-info text-center" for="q">
    <h4>查询条件</h4>
    </label>
    <!-- v-model 用于创建双向数据绑定-->
    <input type="text" id="q" class="form-control"
        placeholder="输入产品名" v-model="q">
  </div>
  <div>
    <!--@click 指定触发的函数，即绑定事件-->………………②
    <input type="button" value="查询"
        class="btn btn-primary" @click="add()">
  </div>
</form>
<hr>
<div class="text-info text-center">
    <h2>产品信息表</h2>
</div>
<table class="table table-bordered table-hover">
  <tr class="text-danger text-center">
    <th>序号</th>
    <th>产品</th>
    <th>数量</th>
    <th>类型</th>
    <th>操作</th>
  </tr>
  <!--遍历输出 Vue 定义的数组-->………………③
  <tr class="text-center" v-for="(item,index) in myData" :key="index">
    <th>{{index+1}}</th>
    <th>{{item.name}}</th>
    <th>{{item.quantity}}</th>
    <th>{{item.kinds}}</th>
    <th>
      <!--data-target 指向模态框-->
```

```
    <!--为每个按钮设置变量 nowIndex，用于识别行数-->
    <button data-toggle="modal" class="btn btn-primary btn-sm"
        @click="nowIndex=index,message=0" data-target="#layer"
    >删除
    </button>
  </th>
</tr>
<tr v-show="myData.length!==0">.................④
  <td colspan="5" class="text-right">
    <!--变量 nowIndex 设为-2，在 deleteMsg 函数清空数组 myData-->
    <button data-toggle="modal" class="btn btn-danger btn-sm"
        @click="nowIndex=-2,message=-1" data-target="#layer">
        删除全部
    </button>
  </td>
</tr>
<tr v-show="myData.length===0">
  <td colspan="5" class="text-center text-muted">
    <p>暂无数据...</p>
  </td>
</tr>
</table>
<!--模态框（提示框）-->
<div role="dialog" class="modal fade bs-example-modal-sm" id="layer">
  <div class="modal-dialog">
    <div class="modal-content">
      <div class="modal-header">
        <!--判断 message，选择删除提示语-->
        <h4 class="modal-title" v-if="message===0">删除吗</h4>
        <h4 class="modal-title" v-else>删除全部吗</h4>
        <button type="button" class="close" data-dismiss="modal">
          <span>&times;</span>
        </button>
      </div>
      <div class="modal-body text-right">
        <!--触发删除函数 deleteMsg-->
        <button data-dismiss="modal"
            class="btn btn-primary btn-sm">取消</button>
        <button data-dismiss="modal" class="btn btn-danger btn-sm"
            @click="deleteMsg(nowIndex)">确认
        </button>
```

```
        </div>
      </div>
    </div>
  </div>
</template>

<script>
export default {
  name: 'Product',
  data () {
    return {
      q: '',
      myData: [],
      nowIndex: -100,
      message: 0
    }
  },
  methods: {
    // 定义 add 函数，访问后台获取数据并写入数组 myData
    add: function () {
      this.axios.get('http://127.0.0.1:8000/product.html',
        {params: {q: this.q}}).then(response => {
        this.myData = response.data
      })
      .catch(function (error) {
        console.log(error)
      })
    },
    // 定义 deleteMsg 函数
    // 单击"删除"按钮即可删除当前数据
    // 通过 nowIndex 确认行数
    deleteMsg: function (n) {
      if (n === -2) {
        this.myData = []
      } else {
        this.myData.splice(n, 1)
      }
    }
  }
}
```

```
</script>
```

上述代码主要分为<template>和<script>，由于<template>涉及的网页代码较多，因此我们分别设置标注①、②、③、④，每个标注实现的功能说明如下：

（1）标注①使用 v-model 创建双向数据绑定，如 v-model="q"，当用户在文本框输入数据时，Vue 自动把数据赋值给变量 q，或者当变量 q 的值发生变化时，文本框的数据也会随之变化，只要有一方的数据发生变化，另一方的数据也会随之变化。

（2）标注②使用@click 设置事件触发的函数方法，@click 是 v-on:click 的简易写法，如@click="add()"，click 代表鼠标单击事件，add()代表 Vue 对象定义的函数方法。当用户单击按钮时，网页将触发函数方法 add()。

（3）标注③使用 v-for 遍历输出变量 myData 的数据，其中 item 代表每次遍历的数据内容，index 代表当前遍历的次数。当单击"删除"按钮时，Vue 将重新遍历输出变量 myData 的数据。

（4）标注④使用 v-show 控制网页元素内容，如果 myData.length!==0 的判断结果为 True，就显示"删除全部"按钮，否则显示"暂无数据"。v-if 是 Vue 的条件控制语法，通过判断条件是否成立来隐藏或显示网页元素，比如 v-if="message===0"，如果变量 message 等于 0，就提示"删除吗"，否则提示"删除全部吗"。

<script>设置导出变量 name、data 和 methods，每个变量的说明如下：

（1）变量 name 用于设置组件名称。

（2）变量 data 用于自定义变量 q、myData、nowIndex 和 message，自定义变量将用于控制和执行网页的业务逻辑。

（3）变量 methods 分别定义了 add()和 deleteMsg()函数，add()函数通过 Ajax 向后端获取产品数据并写入自定义变量 myData，再由 Vue 完成数据渲染展示；deleteMsg()函数通过判断自定义变量 nowIndex 修改自定义变量 myData 的数据，当自定义变量 myData 发生变化时，网页展示的数据也会随之变化。

1.11 网站运行效果

我们已完成整个前端的网页开发，下一步是运行项目代码，测试网页效果是否符合开发需求。

使用 PyCharm 运行项目文件夹 myvue3，在浏览器访问 http://localhost:8080/，浏览器将显示用户登录页面，如图 1-28 所示。

图 1-28　用户登录页面

由于后端还没开发 API 接口，因此直接在浏览器访问 http://localhost:8080/product 查看产品查询页面，如图 1-29 所示。

图 1-29　产品查询页面

从业务逻辑角度分析，用户是不能直接通过链接查看产品查询页面的，因此产品查询页面还需要添加用户登录的权限管理，由于篇幅有限，这部分功能留给读者自行实现。

1.12　本章小结

Vue 开发必须在 Node.js 和 Webpack 的开发环境下运行，使用 Vue 脚手架构建项目，以及使用 npm 安装相关依赖库或模块，详细说明如下：

- Node.js 发布于 2009 年 5 月，它是基于 Chrome V8 引擎的 JavaScript 环境运行的，这是事件驱动、非阻塞式 I/O 模型，让 JavaScript 在服务端运行的开发平台，使 JavaScript 成为与 PHP、Python、Java 等服务端语言平起平坐的脚本语言。简单来说，Node.js 就是使用 JavaScript 开发的后端语言。
- Webpack 称为模块打包机，主要用于分析项目结构，找到 JavaScript 模块以及浏览器不能直接运行的拓展语言（如 Scss 或 TypeScript 等），将其打包为合适的格式以供浏览器直接使用，并且 Webpack 必须通过 Node.js 环境完成模块打包过程。
- Vue 脚手架是一个基于 Vue.js 进行快速开发的完整系统，实现项目的交互式搭建和零配置原型开发（通过指令以及提示完成项目搭建），它是基于 Webpack 构建项目的，并带有合理的默认配置。
- npm 是 JavaScript 的包管理工具，并且是 Node.js 默认的包管理工具，实现下载、安装、共享、分发代码和管理项目依赖关系等功能。

在 Vue3 项目中，核心文件夹有 public、src 和 src\components，核心文件有 public\index.html、src\ main.js、src\ App.vue 和 src\components 自定义的组件文件。

核心文件夹清楚知道每个文件夹应该放置什么文件，放置文件负责实现什么功能；核心文件必须掌握文件代码内容和实现功能，还有文件之间的架构关联。

本章只是从入门角度介绍了 Vue 的项目开发，此外还有 Vue 的状态权限管理、组件之间的数据通信、钩子函数和生命周期等功能尚未详细讲述，这部分功能只能留给读者自行学习。

## 第 2 章

Django 开发 API 接口

2

前后端分离项目涉及接口调用，即 API 的开发，上一章我们介绍了网站前端部分的开发，本章将介绍在后端开发前端所调用的 API 接口。在使用 Django 开发 API 之前，请读者搭建好相应的开发环境，包括安装 Python、MySQL 和 Django 等。

本章学习内容：

- 项目功能配置
- 用户登录接口
- 产品查询接口
- Admin 后台管理系统
- API 接口对接

2.1 项目功能配置

从整个网站功能来看，整个网站需要调用两个 API 接口：用户登录和产品数据查询。

用户登录采用 POST 请求方式，请求地址为 http://127.0.0.1:8000，请求参数分别为 username 和 password，参数的数据来自网页表单的文本输入框。产品数据查询采用 GET 请求，请求地址为 http://127.0.0.1:8000/product.html，请求参数为 q，代表产品名称并支持模糊查询。最后所有 API 接口以 JSON 格式返回响应结果给前端，进行判断和数据渲染。

按照 API 接口的设定，我们使用 Python 的 Django 作为后端框架，数据库选择 MySQL，数据库连接模块选择 mysqlclient，跨域访问 django-cors-headers。关于搭建 Python、Django、MySQL、 mysqlclient 和 django-cors-headers 的开发环境，本书就不再一一讲述了。

后端架构技术选定之后，下一步需要确定后端需要实现的具体功能。由于 Django 已经内置了用户认证模块和 Admin 后台数据管理系统，我们选择内置用户认证的模型 User 存放用户数据，用于实现用户登录的 API 接口，此外还要定义模型 Product，用于存储产品数据并实现产品数据查询的 API 接口；Admin 后台数据管理系统用于管理内置模型 User 和自定义模型 Product 的数据信息。

根据后端的功能设定，首先创建后端项目 MyDjango，然后在项目中创建项目应用 index，最后使用 PyCharm 打开项目 MyDjango，找到配置文件 settings.py 进行项目功能配置，代码如下：

```python
from pathlib import Path
BASE_DIR = Path(__file__).resolve().parent.parent
SECRET_KEY='django-insecure-p%%p935!ep_j%tys1p2a@7uz=)c98_j*1@qt)i%oqliube8)nj'
DEBUG = True
ALLOWED_HOSTS = ["*"]
INSTALLED_APPS = [
    'django.contrib.admin',
    'django.contrib.auth',
    'django.contrib.contenttypes',
    'django.contrib.sessions',
    'django.contrib.messages',
    'django.contrib.staticfiles',
    # 跨域访问
    'corsheaders',
    'index',
]
MIDDLEWARE = [
    'django.middleware.security.SecurityMiddleware',
    'django.contrib.sessions.middleware.SessionMiddleware',
    # 使用中文
    'django.middleware.locale.LocaleMiddleware',
    # 跨域访问
    'corsheaders.middleware.CorsMiddleware',
    'django.middleware.common.CommonMiddleware',
    'django.middleware.csrf.CsrfViewMiddleware',
    'django.contrib.auth.middleware.AuthenticationMiddleware',
    'django.contrib.messages.middleware.MessageMiddleware',
    'django.middleware.clickjacking.XFrameOptionsMiddleware',
]
ROOT_URLCONF = 'MyDjango.urls'
```

```
TEMPLATES = [
{
'BACKEND': 'django.template.backends.django.DjangoTemplates',
'DIRS': [],
'APP_DIRS': True,
'OPTIONS': {
    'context_processors': [
        'django.template.context_processors.debug',
        'django.template.context_processors.request',
        'django.contrib.auth.context_processors.auth',
        'django.contrib.messages.context_processors.messages',
    ],
},
},
]
WSGI_APPLICATION = 'MyDjango.wsgi.application'
DATABASES = {
    'default': {
        'ENGINE': 'django.db.backends.mysql',
        'NAME': 'MyDjango',
        'USER': 'root',
        'PASSWORD': 'QAZwsx1234!',
        'HOST': '127.0.0.1',
        'PORT': '3306',
    },
}
AUTH_PASSWORD_VALIDATORS = [
{
'NAME':'django.contrib.auth.password_validation.UserAttributeSimilarityValidator',
},
{
'NAME':'django.contrib.auth.password_validation.MinimumLengthValidator',
},
{
'NAME':'django.contrib.auth.password_validation.CommonPasswordValidator',
},
{
'NAME':'django.contrib.auth.password_validation.NumericPasswordValidator',
},
]
```

```
LANGUAGE_CODE = 'en-us'
TIME_ZONE = 'UTC'
USE_I18N = True
USE_TZ = True
STATIC_URL = 'static/'
DEFAULT_AUTO_FIELD = 'django.db.models.BigAutoField'


# 设置跨域访问
CORS_ALLOW_CREDENTIALS = True
CORS_ORIGIN_ALLOW_ALL = True
CORS_ORIGIN_WHITELIST = ()
CORS_ALLOW_METHODS = (
    'DELETE',
    'GET',
    'OPTIONS',
    'PATCH',
    'POST',
    'PUT',
    'VIEW',
)


CORS_ALLOW_HEADERS = (
    'accept',
    'accept-encoding',
    'authorization',
    'content-type',
    'dnt',
    'origin',
    'user-agent',
    'x-csrftoken',
    'x-requested-with',
)
```

　　整个配置文件 settings.py 分别设置了配置属性 ALLOWED_HOSTS、INSTALLED_APPS、MIDDLEWARE、DATABASES 和跨域访问 django-cors-headers，每个配置属性的功能说明如下：

　　（1）ALLOWED_HOSTS 设为["*"]，这是允许所有 IP 访问后端。如果要限制 IP 访问，可以将 IP 地址以字符串格式写入列表。

　　（2）INSTALLED_APPS 以列表格式表示，在列表中分别添加 corsheaders 和 index。其中 corsheaders 代表第三方模块 django-cors-headers，用于实现 API 接口的跨域访问；index 代表项目

应用 index。

（3）MIDDLEWARE 代表 Django 中间件，以列表表示，添加了中间件 LocaleMiddleware 和 CorsMiddleware。LocaleMiddleware 能使 Admin 后台系统根据当前时区设置相应的语言文字，CorsMiddleware 是第三方模块 django-cors-headers。

（4）DATABASES 用于进行数据库连接配置，这是连接本地系统的 MySQL 的 MyDjango 数据库。

（5）django-cors-headers 的配置属性用于设置跨域访问。

2.2　用户登录接口

用户登录接口使用 Django 内置模型 User 存储用户数据，前端通过 Ajax 访问用户登录接口，后端获取请求参数并对内置模型 User 进行数据查询和用户验证，如果验证成功，则返回登录成功，否则返回登录失败。

开发 API 接口需要定义 API 的路由地址和视图函数，我们在项目应用 index 中创建 urls.py，打开 MyDjango 的 urls.py，将 index 的 urls.py 导入 MyDjango 的 urls.py，代码如下：

```
from django.contrib import admin
from django.urls import path, include


urlpatterns = [
    path('', include(('index.urls', 'index'), namespace='index')),
    path('admin/', admin.site.urls),
]
```

下一步打开 index 的 urls.py，分别定义路由 login 和 product，对应用户登录接口和产品查询接口，并且路由地址也是对应前端 Ajax 的请求地址，具体代码如下：

```
from django.urls import path
from .views import *


urlpatterns = [
    path('', loginView, name='login'),
    path('product.html', productView, name='product'),
]
```

路由 login 的地址为 http://127.0.0.1:8000，由视图函数 loginView()处理 HTTP 请求。由于我

们将视图函数定义在项目应用 index 的 views.py 中，因此 loginView()的定义过程如下：

```
from django.http import JsonResponse
from .models import *
from django.contrib.auth.models import User
from django.contrib.auth import authenticate, login
from django.views.decorators.csrf import csrf_exempt

@csrf_exempt
def loginView(request):
    res = {'result': False}
    if request.method == 'POST':
        u = request.POST.get('username', '')
        p = request.POST.get('password', '')
        if User.objects.filter(username=u):
            user = authenticate(username=u, password=p)
            if user:
                if user.is_active:
                    login(request, user)
                    res['result'] = True
    return JsonResponse(res)
```

分析视图函数 loginView()得知：

（1）由于 Django 对 POST 请求是默认开启 CSRF 保护，因此使用装饰器 csrf_exempt 取消内置的 CSRF 保护功能的。一般情况下，API 接口主要通过 Token 进行验证，比如 JWT 与 OAuth 验证机制，CSRF 对 API 接口并没有太大的安全保护，但不代表 API 接口就不能使用 CSRF。API 接口是否需要 CSRF 保护，具体要看整个网站的安全设计方案、功能设计等多方面因素。

（2）自定义变量 res 作为 HTTP 请求的响应内容，变量 res 以字典表示，通过 Django 的 JsonResponse()转换为 JSON 格式返回给前端，变量 res 的 result 值默认为 False，若变量 res 的 result 值等于 True，则说明用户验证成功，否则皆为验证失败。当收到 POST 请求时，Django 获取请求参数 username 和 password，在内置模型 User 中查找用户，若存在用户，则使用内置方法 authenticate()验证用户的账号和密码，并且在用户字段 is_active 等于 1 的时候，分别执行用户登录和设置返回值 res 的 result 等于 True。

2.3   产品查询接口

产品查询接口需要自定义模型 Product 存储产品数据，然后由接口对应的视图函数处理 GET

请求，在模型 Product 获取相应数据并返回给前端，从而完成整个查询过程。

由于在 index 的 urls.py 中已经定义了路由 product，因此我们只需在 index 的 models.py 中定义模型 Product，在 index 的 views.py 中定义视图函数 productView()即可。首先打开 index 的 models.py，模型 Product 的定义过程如下：

```
from django.db import models
STATUS = (
    (0, 0),
    (1, 1)
)
class Product(models.Model):
    id = models.AutoField(primary_key=True)
    name = models.CharField('名称', max_length=50)
    quantity = models.IntegerField('数量', default=1)
    kinds = models.CharField('类型', max_length=20)
    status=models.IntegerField('状态',choices=STATUS,default=1)
    remark = models.TextField('备注', null=True, blank=True)
    updated = models.DateField('更新时间', auto_now=True)
    created = models.DateField('创建时间', auto_now_add=True)

    def __str__(self):
        return self.name

    class Meta:
        verbose_name = '产品列表'
        verbose_name_plural = '产品列表'
```

模型 Product 的定义说明如下：

（1）模型字段 id、status、remark、updated、created 用于记录数据的基本信息，分别代表主键、数据状态（代表数据是否有效）、备注（用于记录其他信息）、更新时间（记录数据的修改时间）、创建时间（记录数据的新建时间）。除了主键 id 之外，其他字段都是可选字段，能够反映数据的基本情况，便于进行数据分析。

（2）模型字段 name、quantity、kinds 用于记录数据内容，分别代表产品名称、数量、类型。这些字段都是必需字段，用于为前端数据渲染提供数据支持。

（3）内置方法 __str__()设置模型 Product 的返回结果，Meta 的 verbose_name 和 verbose_name_plural 设置模型在 Admin 后台显示的内容。

下一步在 index 的 views.py 中定义视图函数 productView()，用于实现产品查询接口，定义过程如下：

```
from django.http import JsonResponse
from .models import *

def productView(request):
    if request.method == 'GET':
        q = request.GET.get('q', '')
        data = Product.objects.filter(status=1)
        if q:
            data = Product.objects.filter(name__icontains=q)
        result = []
        for i in data.all():
            value = {'name': i.name,
                     'quantity': i.quantity,
                     'kinds': i.kinds}
            result.append(value)
        return JsonResponse(result, safe=False)
```

分析视图函数 productView()得知：

（1）视图函数只对 GET 请求进行处理，如果请求有参数 q，则将参数值赋予变量 q，否则变量 q 为空字符串，然后查询模型 Product 的字段 status 等于 1 的所有数据，并赋予变量 data。

（2）如果变量 q 不为空，则对变量 data 进行第二次查询，查询字段 name 包含变量 q 的所有数据，重新赋值给变量 data。

（3）从变量 data 调用 all()获取所有数据内容，将字段 name、quantity、kinds 以字典格式写入列表 result，再由 result 作为 HTTP 请求的响应内容，交由前端完成数据渲染。

2.4 Admin 后台管理系统

Admin 后台管理系统是将内置模型 User 和自定义模型 Product 的数据以网页形式展示出来，以便用户直接对模型数据进行增、删、改、查操作。

由于 Django 已经内置了 Admin 后台管理系统，因此我们不再使用 Vue 单独开发后台管理系统，虽然 Admin 后台管理系统不是采用前后端分离架构，但是前后端分离和后端渲染这种混合架构模式在实际开发中也会经常出现。

Admin 后台管理系统主要由项目应用 index 的 admin.py 和 apps.py 完成。admin.py 用于配置自定义模型的网页格式，apps.py 用于配置模型在 Admin 后台管理系统首页的内容显示。

由于 Admin 后台管理系统对内置模型 User 已定义了相应的网页格式，因此我们只需对自定义模型 Product 进行定义即可。

首先打开 index 的 admin.py，分别设置系统的标题、头部、首页标题和自定义模型 Product 的网页格式，示例代码如下：

```python
from django.contrib import admin
from .models import Product

admin.site.site_title = '产品查询管理平台'
admin.site.site_header = '产品查询管理平台'
admin.sites.index_title = '产品查询管理平台'

@admin.register(Product)
class ProductAdmin(admin.ModelAdmin):
    list_display = [x for x in Product._meta._forward_fields_map.keys()]
    search_fields = ['id', 'name']
    list_filter = ['kinds', 'status']
```

然后打开 index 的 apps.py，在 IndexConfig 里面添加属性 verbose_name，示例代码如下：

```python
from django.apps import AppConfig

class IndexConfig(AppConfig):
    default_auto_field = 'django.db.models.BigAutoField'
    name = 'index'
    verbose_name = '产品管理'
```

最后打开 PyCharm 正下方的 Terminal 窗口，输入 Django 内置指令，分别执行数据迁移和创建 Admin 后台管理系统的超级用户。数据迁移的指令如下：

```
# E:\MyDjango 代表项目文件夹
# 记录模型的变更情况
# makemigrations 在项目应用的 migrations 文件夹中创建.py 文件
E:\MyDjango>python manage.py makemigrations
# 在数据库中创建数据表
# migrate 执行项目应用的 migrations 文件夹的.py 文件
E:\MyDjango>python manage.py migrate
```

完成数据迁移之后，在 Terminal 窗口创建 Admin 后台管理系统的超级用户，执行指令如下：

```
# createsuperuser 创建 Admin 后台管理系统的超级用户
```

```
E:\MyDjango>python manage.py createsuperuser
# 输入用户名，默认为 administrator
Username (leave blank to use 'administrator'): admin
# 输入邮箱地址，可以不输入，直接按回车键确认
Email address:
# 输入密码，输入密码不会显示任何信息
Password:
# 再次输入密码确认
Password (again):
# 是否确认使用不安全的密码：输入 y 为确认，N 为取消
The password is too similar to the username.
This password is too short. It must contain at least 8 characters.
This password is too common.
Bypass password validation and create user anyway? [y/N]: y
Superuser created successfully.
```

在 PyCharm 中运行 Django，使用浏览器访问 http://127.0.0.1:8000/admin 即可看到 Admin 后台管理系统的登录页面，输入刚才创建的超级用户可以看到首页，如图 2-1 所示。

图 2-1   Admin 后台管理系统首页

在 Admin 后台管理系统中，所有模型数据的增、删、改、查操作都是相同的。为了方便测试产品查询接口，我们在产品列表页新增了多条产品信息。单击首页的"产品列表"将出现产品列表页，然后找到"增加 产品列表"按钮，如图 2-2 所示。

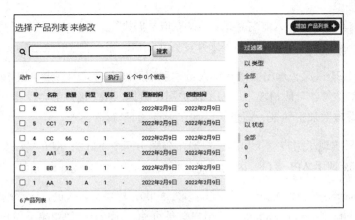

图 2-2　产品列表页

单击"增加产品列表"按钮将出现产品新增页，输入产品信息并单击"保存"按钮即可，如图 2-3 所示。

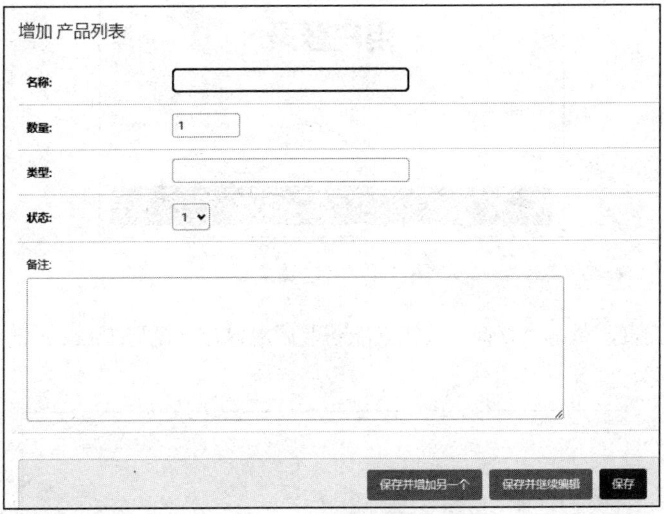

图 2-3　产品新增页

2.5　前后端 API 接口对接

我们已经完成后端所有功能的开发，整个后端功能包括配置后端功能、定义模型、API 接口和视图函数、配置 Admin 后台管理系统。

当完成前后端基本功能的开发之后，下一步是实现前后端的 API 接口对接。一般情况下，后端开发进度应该比前端要快，因为前端需要从后端获取数据执行数据渲染，换句话说，前端网页的动态数据离不开 API 接口支持，如果后端尚未开发 API 接口，那么前端的数据渲染就无法开发。

前后端对接 API 接口必须由前端开发人员和后端开发人员共同规定 API 接口的请求链接、请求方式和请求参数等，一般情况下，为了保护网站数据，API 接口都会设置一些加密方式防止网络爬虫，如设置参数加密验证、请求头添加 Token 验证等。

本书的项目只实现了用户登录和产品查询，分别由两个不同的 API 接口实现数据交互。由于前端已实现 Ajax 调用 API 接口，因此只需分别启动 Vue 和 Django 即可查看网站功能。

首先在 PyCharm 中运行 Django，运行端口为 8000；然后运行 Vue，运行端口为 8080；最后打开浏览器访问 http://localhost:8080/，在用户登录页输入 Django 创建超级用户的账号和密码，单击"登录"按钮，如图 2-4 所示。

图 2-4　用户登录页

当进入产品查询页，单击"查询"按钮就能获取后端自定义模型 Product 的所有数据，如图 2-5 所示。

查询条件				
输入产品名				
查询				

产品信息表

序号	产品	数量	类型	操作
1	AA	10	A	删除
2	BB	12	B	删除
3	AA1	33	A	删除
4	CC	66	C	删除
5	CC1	77	C	删除
6	CC2	55	C	删除

图 2-5　查询所有产品数据

如果在文本输入框输入查询条件，例如输入 A 并单击"查询"按钮，就能查询模型 Product
的字段 name 含有 A 的所有数据，如图 2-6 所示。

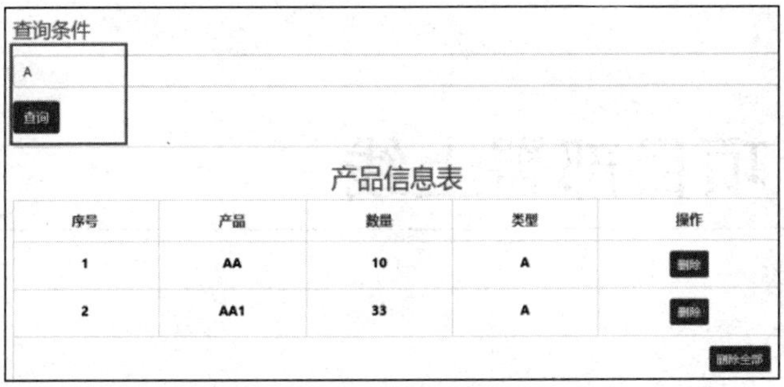

图 2-6   查询符合条件的产品数据

2.6 本 章 小 结

在前后端分离的架构模式下，后端主要实现的功能包括数据库连接配置、跨域访问、定义模
型、API 接口、接口处理过程（Django 的视图函数）。

本章使用 Django 的原生语法实现了用户登录和产品查询接口，由于项目功能较为简单，尚
未使用第三方框架 Django REST Framework 开发 API 接口，因此，如果网站数据复杂或 API 接
口返回的数据含有多层嵌套，那么使用 Django REST Framework 开发 API 接口较为高效便捷。

开发 API 接口可以选择第三方框架 Django REST Framework 或 Django 的原生语法，这个取
决于早期的项目技术选取方案。并不是说 Django REST Framework 就比 Django 的原生语法优越，
所有技术方案都必须结合实际需要，没有最好的技术方案，只要合适就是最好的。

第 3 章

项目部署上线

3

当项目开发完成之后，下一步需要将项目部署运行在服务器，本章介绍将 Vue 和 Django 项目部署到服务器的具体方法，其中涉及前端 Vue 项目的部署和后端 Django 项目的部署。

本章学习内容：

- 选择 Ubuntu 还是 CentOS
- Vue 打包与 Nginx 部署
- MySQL 的安装与配置
- Python3 的下载与安装
- Nginx+uWSGI 部署 Django

3.1　选择 Ubuntu 还是 CentOS

服务器本质上也是一台计算机，它与普通计算机没有区别，普通计算机也可以当作服务器使用，但是服务器必须具有公网 IP，使不同地区的用户能通过公网 IP 访问。

计算机三大主流的操作系统分别是 Windows、Linux 和 macOS，服务器的操作系统主要以 Linux 为主，因为 Linux 与 Windows 和 macOS 相比具备以下优点：

- Linux 完全免费且可用作开源软件，可通过开源方式创建 Linux 内核的可用代码，还可以修改代码以修复任何错误等。Linux 提供了许多编程接口，它可以开发自己的程序并将其添加到 Linux 操作系统中。
- Linux 以稳定性而闻名，Windows 系统在运行过程中可能会崩溃或者卡死，Linux 发生这种情况的概率极小，并且 Linux 可以同时处理多个任务，在 Windows 配置中，更改配置通常需要重新启动，而 Linux 则不需要重新启动，配置更改都可在系统运行时完成，且不会影响不相关的服务。

- 在安全方面，Linux 显然比 Windows 更安全，因为 Linux 最初从多用户操作系统开发的 UNIX 操作系统发展而来。只有管理员或 root 用户具备管理权限，其次 Linux 的病毒和恶意软件的攻击频率较低，很多病毒都是针对 Windows 的，再次，Linux 的用户群基本上都是计算机方面的人员，加上社区庞大，一般发现漏洞很容易被提交到开源社区。
- Linux 与 Windows 和 macOS 相比最大的优势是成本低，因为它是免费开源的，而 Windows 和 macOS 都有版权收费问题。

我们常说的 Linux 是指 Linux 内核，而在计算机上安装 Linux 系统是指 Linux 的发行版本。Linux 有很多发行版本，在国内使用最多的是 CentOS 和 Ubuntu。

一般来说，Ubuntu 对初学者来说是更好的选择，主要原因如下：

- Ubuntu 有庞大的社区，随时可以免费提供帮助，有数以千计的用户分布在数百个不同的在线论坛和兴趣组内。
- Ubuntu 服务器对使用过 Ubuntu 桌面的人来说会容易很多，并且 Ubuntu 桌面版比任何其他基于 Linux 发行版本的桌面更受欢迎。

对于商业或企业级服务器来说，一般选择 CentOS，因为 CentOS 比 Ubuntu 更稳定以及更安全。CentOS 的更新频率较低，这意味着软件测试的时间更长，并且只有真正稳定的版本才会得到发布。

总的来说，选择 Ubuntu 还是 CentOS 应取决于实际的应用场景，详细说明如下：

- 对于服务器操作系统来说，它不需要太多的应用程序，只需要稳定、操作方便和维护简单的系统。因此，很多企业部署在生产环境上的服务器使用的都是 CentOS 系统。
- 对于个人使用来说，Ubuntu 有靓丽的用户界面、完善的包管理系统、强大的软件源支持、活跃的技术社区，并且对计算机硬件的支持优于 CentOS，兼容性强，容易上手。

3.2　Vue 打包与 Nginx 部署

本节选择 CentOS 作为项目部署的服务器，讲述如何在 CentOS 中部署 Vue 项目。当 Vue 项目开发完成后，下一步是对项目进行打包处理，打包后的程序就能部署到服务器上运行。

打包 Vue 项目之前，必须将 Ajax 的请求地址改为服务器的公网 IP 或域名地址，如果使用本地 IP（127.0.0.1 或 localhost），将无法向后端发送 HTTP 请求。

Vue 项目打包只需在项目路径下输入指令 npm run build 即可完成打包过程。打包完成后，将在项目目录下创建 dist 文件夹，dist 文件夹里面的所有文件都是打包后的程序文件，如图 3-1 所示。

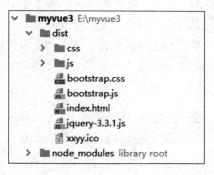

图 3-1　dist 文件夹

打包后的程序文件 index.html 是程序运行文件，只需要在服务器中使用 Nginx 运行 index.html 即可完成项目部署。

服务器选择腾讯云的云服务器，操作系统为 CentOS 7.9 64 位，云服务器的创建过程就不详细讲述了。使用 SSH 远程终端工具 SecureCRT 连接云服务器，然后在云服务器下安装 Nginx，安装指令如下：

```
# 使用 yum 安装 Nginx
yum install nginx
```

Nginx 安装成功后，在云服务器上输入 Nginx 启动指令 systemctl start nginx，然后在本地系统的浏览器中输入云服务器的公网 IP 地址，就可以看到 Nginx 启动成功，如图 3-2 所示。

图 3-2　启动 Nginx

如果使用 yum 指令无法安装 Nginx，可能是服务器的 CentOS 尚未安装相关依赖软件，也有可能是 yum 源配置等问题造成的，具体问题需要根据安装异常提示进行分析。

下一步设置 Nginx 的配置文件，默认情况下，Nginx 的配置路径在/etc/nginx，打开 Nginx 文件夹查看配置文件，如图 3-3 所示。

```
[root@VM-16-4-centos /]# cd /etc/nginx
[root@VM-16-4-centos nginx]# ls
conf.d            fastcgi.conf.default    koi-utf       mime.types.default
default.d         fastcgi_params          koi-win       nginx.conf
fastcgi.conf      fastcgi_params.default  mime.types    nginx.conf.default
[root@VM-16-4-centos nginx]#
```

图 3-3　Nginx 的配置文件

在图 3-3 中，配置文件 nginx.conf 是 Nginx 运行 Web 服务的主配置文件，conf.d 文件夹供用户创建自定义配置文件。自定义配置文件不一定存放在 conf.d 文件夹中，为了统一规范性，我们将所有自定义配置文件存放在 conf.d 文件夹中。

在前后端分离模式下，前端和后端都是独立部署的，两者都需要使用 Nginx 运行服务。因此，在 Nginx 中需要单独运行两个不同的 Web 服务。首先在 conf.d 文件夹中创建 vue.conf 文件，并写入 Vue 配置信息，代码如下：

```
server {
    # Web 运行端口
    listen 80;
    # 设置域名，localhost 代表本机 IP 地址
    server_name localhost;
    # root 代表 Vue 打包后的 dist 文件夹
    # index.html 代表 Vue 程序运行文件
    location / {
            root /home/dist;
            index index.html;
    }
}
```

保存配置文件 vue.conf，下一步打开/etc/nginx 的主配置文件 nginx.conf，在配置属性 http 中使用 include 导入配置文件 vue.conf，示例代码如下：

```
user nginx;
worker_processes auto;
error_log /var/log/nginx/error.log;
pid /run/nginx.pid;
# Load dynamic modules. See /usr/share/doc/nginx/README.dynamic.
include /usr/share/nginx/modules/*.conf;
```

```
events {
    worker_connections 1024;
}
http {
    log_format  main
        '$remote_addr - $remote_user [$time_local] "$request" '
        '$status $body_bytes_sent "$http_referer" '
        '"$http_user_agent" "$http_x_forwarded_for"';
    access_log  /var/log/nginx/access.log  main;
    sendfile            on;
    tcp_nopush          on;
    tcp_nodelay         on;
    keepalive_timeout   65;
    types_hash_max_size 4096;
    include             /etc/nginx/mime.types;
    default_type        application/octet-stream;
    # 导入/etc/nginx/conf.d 带有后缀名 conf 的所有配置文件
    include /etc/nginx/conf.d/*.conf;
}
```

保存主配置文件 nginx.conf，然后使用文件传输工具 FileZilla Client 将 Vue 打包后的文件夹 dist 传输到云服务器的 home 文件夹，如图 3-4 所示。

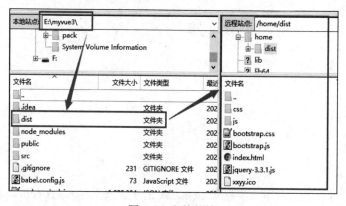

图 3-4 文件传输

最后重启 Nginx，执行 systemctl restart nginx 即可完成重启操作，只要在浏览器访问云服务器的公网 IP 即可看到用户登录页，如图 3-5 所示。

图 3-5　用户登录页

综上所述，Vue 项目部署过程说明如下：

（1）将 Ajax 的请求地址改为服务器的公网 IP 或域名地址，然后在项目目录下执行指令 npm run build 对项目进行打包处理，打包后的所有程序文件存放在 dist 文件夹中，其中 index.html 是程序运行文件。

（2）使用 yum 指令安装 Nginx，然后在/etc/nginx/conf.d 中创建 vue.conf，该文件负责配置文件夹 dist；再由/etc/nginx/nginx.conf 导入/etc/nginx/conf.d 带有后缀名 conf 的所有配置文件，重启 Nginx 完成整个部署过程。

3.3　MySQL 的安装与配置

由于项目涉及数据迁移，因此需要安装数据库，我们使用流行的开源数据库 MySQL。

CentOS 安装 MySQL 可以通过 yum 指令完成，以腾讯云的云服务器为例，安装指令如下：

```
配置 MySQL 8.0 安装源
rpm -Uvh https://dev.mysql.com/get/mysql80-community-release-el7-3.noarch.rpm
安装 MySQL 8.0
sudo yum --enablerepo=mysql80-community install mysql-community-server
```

由于 yum 没有设置 MySQL 安装源，因此将 MySQL 8 安装源添加到 yum 配置源，再使用 yum 指令进行安装。只要使用 rpm -Uvh 指令即可将 MySQL 安装源添加到 yum 配置源，安装源在 MySQL 官网就能查阅，如图 3-6 所示。

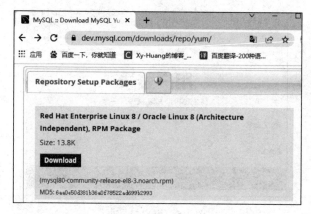

图 3-6　MySQL 安装源

在使用 yum 指令安装 MySQL 的过程中，可能出现数据库无法安装的异常情况，如图 3-7 所示。

```
Importing GPG key 0x5072E1F5:
 Userid    : "MySQL Release Engineering <mysql-build@oss.oracle.com>"
 Fingerprint: a4a9 4068 76fc bd3c 4567 70c8 8c71 8d3b 5072 e1f5
 Package   : mysql80-community-release-el7-3.noarch (installed)
 From      : /etc/pki/rpm-gpg/RPM-GPG-KEY-mysql
Is this ok [y/N]: y

Public key for mysql-community-client-8.0.28-1.el7.x86_64.rpm is not installed

Failing package is: mysql-community-client-8.0.28-1.el7.x86_64
GPG Keys are configured as: file:///etc/pki/rpm-gpg/RPM-GPG-KEY-mysql
```

图 3-7　MySQL 安装异常

图 3-7 的安装异常是云服务器缺少校验文件所致，处理方案如下：

（1）在 MySQL 官网下载校验文件，将校验文件存放在/etc/pki/rpm-gpg 文件夹。

（2）忽略校验文件的验证过程。

我们选择第二种处理方案解决校验文件问题，使用指令 vi /etc/yum.repos.d/mysql-community .repo 编辑 repo 文件，将 mysql80-community 的 gpgcheck 改为 0 并保存退出，如图 3-8 所示，再次执行 yum 指令重新安装 MySQL 即可。

```
[mysql80-community]
name=MySQL 8.0 Community Server
baseurl=http://repo.mysql.com/yum/mysql-8.0-community/el/7/$basearch/
enabled=1
gpgcheck=0
gpgkey=file:///etc/pki/rpm-gpg/RPM-GPG-KEY-mysql
```

图 3-8　修改 gpgcheck 属性

MySQL 安装完成后，使用 service mysqld start 指令启动 MySQL 服务，然后执行 service mysqld status 查看 MySQL 的运行情况，如图 3-9 所示。

图 3-9　查看 MySQL 的运行情况

若出现 Active: active (running)，则说明 MySQL 成功启动，下一步进入 MySQL 数据库设置用户密码、密码验证策略和远程访问，操作指令如下：

```
# 查看临时密码
grep "A temporary password" /var/log/mysqld.log
# 登录 MySQL
mysql -uroot -p
# 输入临时密码
Enter password:
# 设置新密码和密码验证策略
alter user 'root'@'localhost' identified
with mysql_native_password by 'QAZwsx1234!';
# 刷新数据库
flush privileges;
# 选择 MySQL 数据库
use mysql
# 设置用户 root 允许远程访问
update user set host='%' where user='root';
# 刷新数据库
flush privileges;
```

如果要远程访问云服务器的 MySQL，那么必须在云服务器的安全组开放 3306 端口，否则无法连接云服务器的 MySQL，如图 3-10 所示。

图 3-10　开放 3306 端口

3.4 Python3 的下载与安装

CentOS 系统默认安装 Python2.7 版本，但从 Django2.0 不再支持 Python2.7 版本，因此我们需要在 CentOS 系统中安装 Python3 版本。本节主要讲述如何在 CentOS 系统中安装 Python3。

在安装 Python3 之前，需要分别安装 wget 工具、GCC 编译器环境以及 Python3 使用的依赖组件，相关安装指令如下：

```
# 安装 Linux 的 wget 工具，用于在网上下载文件
yum -y install wget
# GCC 编译器环境，安装 Python3 时所需的编译环境
yum -y install gcc
# Python3 使用的依赖组件
yum install openssl-devel bzip2-devel expat-develgdbm-devel
yum install readline-develsqlite*-develmysql-devellibffi-devel
```

下一步在 home 文件夹下载 Python3 安装包，下载指令如下：

```
wget https://www.python.org/ftp/python/3.9.10/Python-3.9.10.tgz
```

下载完成后，在当前路径查看下载的内容，如图 3-11 所示。

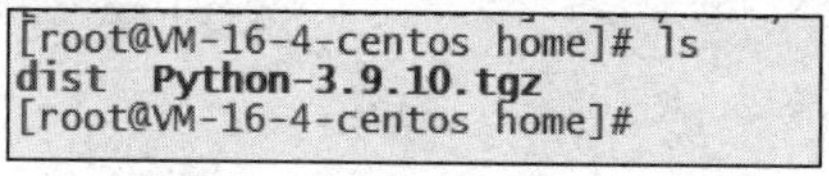

```
[root@VM-16-4-centos home]# ls
dist  Python-3.9.10.tgz
[root@VM-16-4-centos home]#
```

图 3-11 下载 Python3 安装包

我们对安装包进行解压，在当前路径下输入解压指令 tar -zxvf Python-3.9.10.tgz。当解压完成后，在当前路径下会出现相应的文件夹，如图 3-12 所示。

```
Python-3.9.10/CODE_OF_CONDUCT.md
Python-3.9.10/setup.py
[root@VM-16-4-centos home]# ls
dist  Python-3.9.10  Python-3.9.10.tgz
[root@VM-16-4-centos home]#
```

图 3-12 解压 tgz 文件

Python-3.9.10 文件夹里面包含 Python3 版本所需的组件，进入 Python-3.9.10 将 Python3 编译到 CentOS 系统，编译指令如下：

```
# 进入 Python-3.9.10 文件夹
cd Python-3.9.10
# 依次输入编译指令
sudo ./configure
```

```
sudo make
sudo make install
```

编译完成后，在 CentOS 系统中输入指令 python3，即可进入 Python 交互模式，如图 3-13 所示。

```
[root@VM-16-4-centos Python-3.9.10]# python3
Python 3.9.10 (main, Feb 26 2022, 16:58:33)
[GCC 4.8.5 20150623 (Red Hat 4.8.5-44)] on linux
Type "help", "copyright", "credits" or "license" for
>>>
```

图 3-13　Python 交互模式

3.5　Nginx+uWSGI 部署 Django

uWSGI 是一个 Web 服务器，它可以实现 WSGI、uWSGI 和 HTTP 等网络协议，而且 Nginx 的 HttpUwsgiModule 能与 uWSGI 服务器进行交互。WSGI 是一种 Web 服务器网关接口，它是 Web 服务器（如 Nginx 服务器）与 Web 应用（如 Django 框架实现的应用）通信的一种规范。

在部署 uWSGI 服务器之前，需要在 Python3 中安装相应的模块，使用 pip3 安装即可，安装指令如下：

```
# 安装 MySQL 相关依赖
yum install mysql-devel
# 安装 Django 连接 MySQL 模块
pip3 install mysqlclient
# 安装 Django
pip3 install django
# 安装 django-cors-headers
pip3 install django-cors-headers
# 安装 uWSGI 服务器
pip3 install uwsgi
```

模块安装成功后，打开 MyDjango 的 settings.py 修改和添加配置属性，将 Django 开发模式改为生产模式，配置代码如下：

```
DEBUG = False
ALLOWED_HOSTS = ['*']
STATIC_ROOT = BASE_DIR / 'static'
# 修改数据库连接信息
DATABASES = {
```

```
    'default': {
        'ENGINE': 'django.db.backends.mysql',
        'NAME': 'MyDjango',
        'USER': 'root',
        'PASSWORD': 'QAZwsx1234!',
        'HOST': '127.0.0.1',
        'PORT': '3306',
    },
}
```

将后端项目 MyDjango 所有文件通过文件传输工具 FileZilla Client 迁移到云服务器的 home 文件夹，如图 3-14 所示。

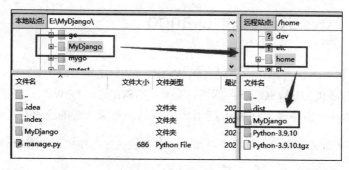

图 3-14　项目迁移

下一步在云服务器执行 Django 的数据迁移。数据迁移之前确保配置文件 settings.py 的数据库连接与云服务器安装 MySQL 的连接信息相匹配，并且 MySQL 必须创建了项目的数据库 MyDjango，如图 3-15 所示。

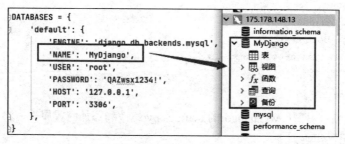

图 3-15　数据库设置

数据迁移只需执行指令 migrate，此外还需执行指令 createsuperuser 创建超级用户，以及执行指令 collectstatic 将 Admin 后台管理系统的静态资源写入 MyDjango 的 static 文件夹，所有指令执行顺序如下：

```
python3 manage.py migrate
python3 manage.py createsuperuser
python3 manage.py collectstatic
```

最后将 Django 部署在 uWSGI 服务器，再将 uWSGI 和 Nginx 进行对接。Django 部署在 uWSGI 服务器可以通过配置文件完成，在 MyDjango 项目目录下创建配置文件 uwsgi.ini，打开文件并写入配置信息，文件代码如下：

```
[uwsgi]
# Django-related settings
socket= :8080

# 代表 MyDjango 的项目目录
# the base directory (full path)
chdir=/home/MyDjango

# 代表 MyDjango 的 wsgi.py 文件
# Django s wsgi file
module=MyDjango.wsgi

# process-related settings
# master
master=true

# maximum number of worker processes
processes=4

# ... with appropriate permissions - may be needed
# chmod-socket = 664
# clear environment on exit
vacuum=true
```

查看 MyDjango 的目录结构，确保 MyDjango 已存放配置文件 uwsgi.ini。输入 uwsgi --ini uwsgi.ini 指令，通过配置文件启动 uWSGI 服务器，如图 3-16 所示。

图 3-16　启动 uWSGI 服务

因为配置文件设置 socket=:8080，所以通过配置文件 uwsgi.ini 启动 uWSGI 服务器时，仍不能使用浏览器访问 MyDjango，因为配置属性 socket=:8080 只能用于 uWSGI 服务器和 Nginx 服务器的通信连接。

uWSGI 和 Nginx 的通信连接通过 8080 端口实现，在 Nginx 自定义配置文件夹 conf.d 中创建 django.conf，打开文件并写入配置信息，文件代码如下：

```
server {
    listen      8000;
    server_name 127.0.0.1;
    charset     utf-8;

    client_max_body_size 75M;
    # 配置静态资源文件
    location /static {
        expires 30d;
        autoindex on;
        add_header Cache-Control private;
        alias /home/MyDjango/static/;
    }
    # 配置 uWSGI 服务器
    location / {
            include uwsgi_params;
            uwsgi_pass 127.0.0.1:8080;
            uwsgi_read_timeout 2;
        }
    }
```

由于 Django 最外层服务是由 Nginx 运行的，运行端口为 8000，因此云服务器的安全组必须开放 8000 端口，否则用户无法访问 Admin 后台管理系统。

执行 systemctl restart nginx 指令重启 Nginx，并打开浏览器访问云服务器的公网 IP，在用户登录页输入 Django 指令 createsuperuser 创建超级用户的账号和密码即可完成用户登录。

综上所述，Django 项目部署过程说明如下：

（1）分别安装 Python3 版本、Django 运行所需的模块和 uWSGI 服务器。

（2）将 Django 开发模式改为生产模式，在 settings.py 中修改或添加配置属性 DEBUG、ALLOWED_HOSTS、STATIC_ROOT 和 DATABASES 等。

（3）将所有项目文件迁移到服务器，分别执行数据迁移、创建用户、创建静态资源文件夹、创建项目使用的数据库等。

（4）编写 uWSGI 服务器的配置文件，其中配置属性 chdir 设置 Django 的项目路径，module

设置项目文件 wsgi.py，输入 uwsgi --ini uwsgi.ini 指令启动 uWSGI 服务器。

（5）编写 Nginx 服务器的配置文件，配置文件主要设置 Nginx 运行的 IP 地址和端口、Django 静态资源、uWSGI 服务器的连接信息，执行 systemctl restart nginx 指令重启 Nginx 即可完成整个部署。

3.6 本 章 小 结

本章主要讲述在服务器部署 Vue 和 Django 的 Web 服务，部署之前必须将项目的开发模式改为生产模式，详细修改说明如下：

（1）将 Vue 的 Ajax 请求地址改为服务器的公网 IP 或域名，如果使用本地 IP（127.0.0.1 或 localhost），将无法向后端发送 HTTP 请求。

（2）使用指令 npm run build 打包 Vue 项目，打包后的所有程序文件存放在 dist 文件夹中，其中 index.html 是程序运行文件。

（3）在 Django 的 settings.py 中修改或添加配置属性 DEBUG、ALLOWED_HOSTS、STATIC_ROOT 和 DATABASES 等。将 Django 所有项目文件迁移到服务器，分别执行数据迁移、创建用户、创建静态资源文件夹、创建项目使用的数据库等。

部署项目除了调整项目的运行模式之外，还要在服务器安装 MySQL、uWSGI 和 Nginx，每个软件负责的功能如下：

（1）MySQL 为后端提供数据存储功能。

（2）uWSGI 运行 Django 应用，提供 Web 服务。

（3）Nginx 运行 Vue 应用和对接 uWSGI 的 Web 服务。

在整个项目部署过程中，所有软件和程序都是在 CentOS 中安装和配置的，从而支撑整个项目的运行。从开发到生产部署，需要掌握简单的开发技术和部署方式，这也是一名程序员基本的技术要求。

## 第 4 章

什么是网站架构

4

本章主要介绍一个大型系统——网站的技术架构,包括常用的应用集群、分布式、微服务等,对于开发者来说,了解一个系统的技术架构才能做好整体规划、技术选型并高效掌控开发流程。

本章学习内容:

- 网站的演变过程
- 网站评估指标
- 什么是集群
- 什么是分布式
- 什么是微服务

4.1 网站的演变过程

随着互联网的不断发展,用户访问和数据量日益增多,使得网站的负载不断增大。如果网站只有一台服务器运行,当负载量达到一定阈值的时候,整个网站可能出现卡顿或崩溃的现象,这时不得不重新设计网站架构。网站的演变应从实际问题出发,从问题中寻找解决方案,实施并调整网站架构。

网站的演变过程可以视为网站架构设计,它可以分为 8 个阶段,下面分别进行简单介绍。

1. 单机模式

单机模式是指整个网站只部署在一台服务器上,本书的第 1~3 章都是讲述网站的单机模式的开发和部署。所有网站的演变都是从单机模式开始的，并不是说网站初期不能直接搭建大型架构，只是不太符合实际，毕竟搭建大型网站需要耗费大量的人力和财力。

由于网站初期的用户和数据量较少，并且网站处于 0~1 阶段，大部分时间主要用于实现网站业务逻辑梳理和功能开发，研发成本主要用于网站功能开发，因此网站架构通常以单机模式为主。

2. Web 应用与数据库分离

Web 应用与数据库分离是在单机模式的基础上将前端、后端和数据库各自单独部署在一台服务器上。在这种模式下，如果不改变原有的功能，调整网站架构无须修改太多代码，通常修改代码里面的一些连接信息，例如 Ajax 的请求地址、Django 连接数据库的 IP 地址等即可。

3. 缓存与搜索引擎

缓存与搜索引擎是在数据库出现慢查询的情况下所采用的优化方案之一，慢查询会使网站数据加载出现延时或异常，使得用户体验十分不好。缓存和搜索引擎由后端实现，以 Django 为例，它已内置缓存机制，支持 Memcached、数据库、文件和本地内存等缓存存储方式；搜索引擎是独立的应用平台，支持多种编程语言接入，Django 由第三方包 django-haystack 接入搜索引擎，该包支持的搜索引擎分别有 Solr、Elasticsearch 和 Whoosh。

4. 数据库读写分离

数据库读写分离是将数据库的读取和写入分别由两个独立的数据库实现，一个数据库只负责读取数据，另一个数据库只负责写入数据，两个数据库通过数据同步复制保持数据一致。读写分离能提高数据库的负载能力和性能，因为写入比读取需要消耗更多时间，只读取的数据库没有数据写入操作，减轻了磁盘 IO 等性能问题，所以可以提高数据查询效率。

读写分离需要调整后端代码，至少配置两个或两个以上的数据库连接，同一张数据表的读取和写入分别由不同的数据库连接实现。

5. 数据库拆分

数据库拆分包括水平拆分与垂直拆分。水平拆分是将一个数据表的数据拆分到多个数据表或多个数据库，也就是我们常说的数据表分表设计；垂直拆分是将一个数据库所有表拆分到不同数据库，也就是我们常说的数据库分库设计。

6. 集群模式

集群模式是将前端、后端和数据库各自部署到多台服务器，使得一个功能由多台服务器共同完成，提高网站的负载能力。比如将前端项目部署到服务器 A 和 B，再由同一域名分别解析到服务器 A 和 B，或者通过 Nginx 或 Apache 使用负载均衡算法自动分配服务器 A 和 B。

7. 分布式设计

分布式设计是将后端多个功能组件拆分并部署在不同服务器。因为后端功能除了使用 Web 框架之外，还会使用其他功能组件，比如搜索引擎、消息队列中间件（Kafka、Redis 和 RabbitMQ）、文件存储系统等。也就是说，分布式设计是将后端的 Web 框架和其他功能组件分别部署在不同服务器，彼此之间通过网络连接实现数据通信。后端的各个功能组件除了分布式设计之外，每个组件还可以实现集群模式。

8. 微服务设计模式

微服务设计模式主要是将后端 Web 框架实现的功能进一步拆分，拆分后的应用单独部署在服务器中，每个应用之间通过 API 网关、微服务注册与发现等方式实现调度和通信。以本书的项目为例，后端实现用户登录和产品查询接口，它们都是在同一个后端项目中实现的，如果改为微服务，那么两个接口分别由不同的后端项目实现，接口之间通过 API 接口或 RPC 方式实现通信。

综上所述，我们只是简单介绍了网站每个演变阶段的架构设计方案，每个架构设计方案都是大而全的概念，这是所有网站都适用的设计方案。由于每个网站的功能和业务需求各不相同，因此每个演变阶段的执行方案也各不相同，通俗地讲，同样的食材不同厨师可以烹饪出不同口味的菜式。

4.2　网站评估指标

判断一个网站是否满足当前业务需求可以从 5 个指标（性能、可用性、伸缩性、扩展性和安全性）来综合评估。

1. 性能

网站的性能是否稳定对于网站的可持续发展有着重要作用。就如人生病一样，网站性能出现问题也可以通过一些指标数据反映出来，评估网站性能的指标有很多，例如 CPU 占有率、并发量、响应时间、网络传输量、吞吐量、点击率等。

从网站开发的角度来看，网站性能的核心指标有响应时间、并发量和吞吐量，每个指标说明如下：

- 响应时间一般包含网络传输时间和应用程序处理时间，整个过程是从用户发送请求到用户接收服务器返回的响应数据，如果响应时间在 3~5s 以内，那么表示性能是良好的。
- 并发量是指网站在同一时间的访问人数，进一步细化可以分为业务并发用户数、最大并发访问数、系统用户数、同时在线用户数等。

- 吞吐量是指系统在单位时间内处理请求的数量，其中 TPS 和 QPS 都是吞吐量的常用量化指标，服务器的 CPU 占有率、网络传输速度、外部接口和 IO 操作等都会影响网站的吞吐量。

除了评测网站各个数据指标之外，还有以用户为核心的性能模型 RAIL。RAIL 分为 Response（响应）、Animation（动画）、Idle（浏览器空置状态）和 Load（加载）模块，这是 Google 制定的衡量性能标准，每个模块的衡量标准如下。

- Response：网站给用户的响应体验，建议处理事件在 50ms 内完成。
- Animation：动画是否流畅，要求每 10ms 产生一帧。
- Idle：让浏览器有足够的空闲时间，不能让主线程一直处于繁忙状态。
- Load：要求 5s 内完成所有内容的加载并可以交互。

2. 可用性

网站的可用性是指网站出现异常的时候能否正常使用。网站出现异常是一件很正常的事，比如受到黑客攻击、网络故障、DNS 劫持、CDN 服务异常、程序的 Bug 等因素，虽然网站异常是无法避免的，但能提高网站的异常处理能力。

提高网站的可用性也称为高可用架构设计，高可用通常采用集群、分布式和微服务注册与发现等技术实现，确保网站每个应用服务都具备异常处理能力。集群确保某台服务器出现异常的时候，集群内的其他服务器仍能提供正常的应用服务；分布式确保某个应用服务出现异常之后不会影响其他应用服务的正常运行；微服务注册与发现确保出现异常的应用服务能被及时发现和处理，保证网站的每一个用户能够正常访问。

3. 伸缩性

网站的伸缩性是在突然暴增的负载下能否快速处理，缓解不断上升的用户并发访问压力和不断增长的数据存储需求。以"双十一"为例，各大电商平台的访问量比平常都会多很多，面对这种特殊情况，网站必须有快速处理方案，例如增加集群的服务器数量提高负载能力；"双十一"过后，网站负载降低，应减少集群的服务器数量节省服务器的费用开支。

提高网站的伸缩性能可以在突发用户需求的情况下，不改变网站原有的架构模式实现快速响应处理，既能保证用户体验，又能降低网站运营成本。网站架构调整都要经历一个研发周期，这涉及网站代码设计、系统测试和服务器运维等相关工作，在研发周期中，如果网站负载超出负荷，那么只能通过网站伸缩性的解决方案暂缓负荷。

4. 扩展性

网站的扩展性是指网站新增的业务功能对现有功能的影响程度。随着网站的不断发展，功能也会不断扩展，衡量网站的扩展性需要看新增的业务功能是否可以对现有功能透明无影响，不需要修改或者很少改动现有的业务功能就能上线新的业务功能，这要求每个业务功能之间实现低耦合。

提高网站的扩展性最好使用微服务架构，网站的每个应用功能之间互不干扰，彼此之间通过 API 接口或 RPC 方式实现通信。

5. 安全性

网站的安全性确保网站数据不易被窃取，服务器后台不易被黑客入侵，网站不易被攻击。常见的网站攻击有 XSS 攻击、SQL 注入、CSRF 攻击、Cookie 窃取、DDOS 攻击等。

综上所述，网站的性能、可用性、伸缩性、扩展性、安全性都是以用户体验为主的，在互联网世界中，用户就是上帝，若要留住用户，则必须从用户体验和网站功能着手，具体说明如下：

- 用户体验必须确保网站性能良好，网页流畅不卡顿，出现异常也不影响用户使用，保证在用户暴增的情况下也能及时处理负载问题，最后确保用户数据安全，特别是电商平台，这关乎用户资产安全问题。也就是说，保证用户使用流畅已经涉及网站的性能、可用性、伸缩性的架构问题，保证用户数据安全是网站安全性的架构问题。
- 网站功能要不定时更新，毕竟世上不变的只有变化，市场永远是动态变化的，为了确保用户不流失或吸纳更多用户，必须根据市场变化调整功能或推出新功能，这涉及网站的扩展性架构问题。

4.3 什么是集群

集群（Cluster）是将一组计算机作为一个总体向用户提供 Web 应用服务，一组计算机的每个计算机系统是集群的节点。一个理想的集群是用户不知道集群系统的底层节点，从用户看来，集群是一个系统，而非多个计算机系统，而且集群系统的管理员能够任意添加和删改集群系统的节点。

集群并非一个新概念，在 20 世纪 70 年代，计算机厂商和研究机构就开始对集群进行研究和开发，主要用于科学计算，所以并未普及开来，直到 Linux 集群出现，集群概念才得以广为传播。

集群是为了解决单机运算和 IO 能力不足，提高服务的可靠性和扩展能力，降低整体方案的运维成本。在其他技术不能达到以上目的，或者能达到以上目的，但成本过高的情况下，均可考虑采用集群技术。

按照功能划分，集群分为高可用集群和高性能计算集群。高可用集群简称 HA 集群，可提供高度可靠的服务；高性能计算集群简称 HPC 集群，可提供单个计算机不能提供的强大计算能力。

对于网站集群来说，大部分采用高可用集群保证网站的可行性和伸缩性，确保网站的某个集群节点出现异常仍能实现提供正常的 Web 应用服务。高可用集群通常有两种工作方式：容错系统和负载均衡系统，详细说明如下：

- 容错系统通常以主从服务器方式实现，在主服务器正常运行的情况下，从服务器不提供服务，当系统检测发现主服务器出现异常时，从服务器就取代主服务器的工作向外提供服务。
- 负载均衡系统是集群所有节点都正常运行，向外提供服务，它们共同分担整个系统的负载量，这是大型网站常用的技术架构之一。

为什么大型网站通常选择负载均衡系统？

首先考虑成本问题，容错系统的从服务器在正常情况下不提供服务，并且从服务器必须保证在线运行，确保主服务器出现异常及时切换，服务器运行但不提供服务也要消耗网络、CPU、IO 等资源，相当于领着工资不干活，无疑会增加成本开支。

其次考虑负载能力，从服务器不干活，网站所有负载都由主服务器完成，当超出主服务器的负载能力时，用户在使用过程中可能会出现网页白屏、卡顿等情况。

从现实例子理解负载均衡系统，网站相当于一个饭店，顾客相当于用户，网站所有应用功能相当于厨师。假设饭店现有 1 名厨师并且只能容纳 10 名顾客，当 12 名顾客同时光顾饭店时，1 名厨师仍能应付。但突然来了 20 名顾客，为了保证上菜速度，1 名厨师就无法烹饪 20 名顾客的菜肴，只能多聘请 1 名厨师同时烹饪。只要饭店在营业状态，无论店内有多少名顾客，2 名厨师都处于工作状态。

同样的道理，如果网站的一台服务器只能兼容 10 名用户，当用户数增加到 20 名时，网站就需要新增一台服务器解决 20 名用户带来的负载量，并且两台服务器同时提供相同的服务，这就是负载均衡集群。

容错系统相当于饭店聘请了 2 名厨师，但永远只有厨师 A 在工作，厨师 B 就领着工资不干活，当厨师 A 生病或请假的时候，厨师 B 才开始工作，只要厨师 A 上岗，厨师 B 就不干活。

我们知道网站集群技术主要实现负载均衡，负载均衡在网站的前端、后端和数据库均可实现，其架构如图 4-1 所示。

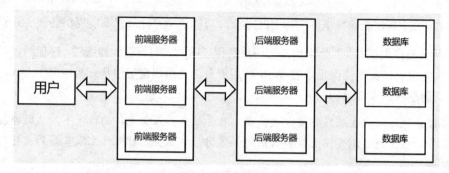

图 4-1　网站集群架构

　　前端的负载均衡可以通过 DNS 域名解析实现，当我们购买和注册域名的时候，可以将域名绑定到多台前端服务器的 IP 地址。用户通过浏览器访问域名，DNS 服务器解析域名，并通过负载均衡算法将用户请求转发到某台前端服务器的 IP 地址，再由前端服务器响应用户的 HTTP 请求。

　　后端的负载均衡主要通过 Nginx 或 Apache 的负载均衡算法实现，当后端收到前端的 HTTP 请求时，负载均衡服务器将 HTTP 请求转发到某台 Web 应用服务器，再由 Web 应用服务器响应用户的 HTTP 请求。

　　数据库的负载均衡主要通过数据库的主从同步方式实现多个数据库之间的数据同步和读写分离。Web 应用服务器需要设置多个数据库连接，并执行不同数据表的数据读取和写入，从而实现数据库的负载均衡。

4.4　什么是分布式

　　网站都是从简到繁的过程逐步发展的，当网站的功能越来越多时，就会使网站的代码目录变得臃肿，代码之间的调用、参数传递等逻辑也会变得复杂，不利于维护和管理，特别是企业的人员流动问题更为突出，新入职的开发人员接手项目也会更为困难。

　　分布式也称为分布式系统（Distributed System），它将系统的各个功能拆分成多个子系统部署在不同服务器，各个子系统之间通过 API 接口或 RPC 方式实现通信。简单来说，分布式系统就是将系统功能进行拆分，具体包括 Web 应用和数据库的拆分，拆分方式为水平拆分和垂直拆分。

　　Web 应用的拆分详细说明如下：

- Web 应用的水平拆分是将整个应用分层，如将数据库的访问层和业务逻辑层拆分，将网关层和业务逻辑层拆分等。

- Web 应用的垂直拆分是按照功能划分子系统，例如将用户管理和产品查询划分为不同的子系统。

数据库的拆分详细说明如下：

- 数据库的水平拆分是将同一个数据表拆分为多个数据表，不同数据表生成在不同数据库中，即我们常说的分库分表。
- 数据库的垂直拆分是按照业务将表进行分类，例如将人员信息表按照性别或居住地拆分为不同数据表存储。

从现实例子理解分布式架构，我们还是以饭店为例，厨师烹饪一道菜肴需要清洗食材、准备配料、烹煮食材、菜式摆盘等操作，整个烹饪过程可以看成网站的所有功能，单机模式的网站等于一名厨师独自完成菜肴烹饪；如果是分布式系统，它将菜肴烹饪操作分给不同人员完成，每个工序由不同岗位的员工完成，整个过程如同工厂的生产流水线。

分布式系统通过分而治之的方法使各个子系统独立运行，以提高系统的性能、并发性和可行性。当某个子系统因异常不能使用时，其他子系统还能正常运行；同时，子系统还能采用集群方式提高系统的可用性。

分布式系统主要针对后端和数据库，按照功能划分为不同类别，常见的类别有分布式数据存储、分布式计算、分布式文件系统、分布式消息队列，详细说明如下：

- 分布式数据存储主要针对数据库存储，它主要实现数据库的分库分表，将数据分别存储在不同的数据表或数据库，通过算法将数据尽可能平均地存储到各个数据表或数据库。常用的算法有 Hash、一致性 Hash、带负载上限的一致性 Hash、带虚拟节点的一致性 Hash 和分片。除此之外，分布式数据存储还要考虑分布式 ID 生成和分布式事务处理等数据处理问题。
- 分布式计算把计算任务拆分成多个小的计算任务，并且分布在不同的服务器计算，再进行结果汇总，例如淘宝"双十一"实时计算各地区的消费情况。分布式计算通常采用分片算法、消息队列和 Hadoop 的 MapReduce 实现，其核心在于计算任务的拆分思维。
- 分布式文件系统（Hadoop Distributed File System，HDFS）将数据文件分散到不同节点或服务器存储，大大减小了数据丢失的风险。常见的分布式文件系统有 FastDFS、GFS、HDFS、Ceph、GridFS、MogileFS、TFS 等。
- 分布式消息队列主要解决 Web 应用耦合、异步消息、流量削峰等问题，可实现高性能、高可用、可伸缩的网站架构。消息队列中间件是分布式消息队列的重要组件，常用的消息队列中间件有 ActiveMQ、RabbitMQ、ZeroMQ、Kafka、MetaMQ、RocketMQ。

从字面上简单理解，分布式系统是将网站功能拆分为各个子系统独立运行，但深入了解之后，才会发现背后庞大的技术体系，整个技术体系只为保证各个子系统之间协调工作。

4.5 什么是微服务

微服务（Microservice）是一种架构概念，它将功能分解成不同的服务，以降低系统的耦合性，提供更加灵活的服务支持，各个服务之间通过 API 接口进行通信。从微服务架构的设计模式来看，它包含开发、测试、部署和运维等多方面的因素。

从概念上来看，分布式和微服务十分相似，微服务也是拆分网站功能，但它只对系统执行垂直拆分，并且拆分粒度更细，每个服务自成一体，具有较强的兼容性。举个例子，以用户管理为例，分布式的用户管理只适用于系统 A，但微服务的用户管理不仅适用于系统 A，还适用于其他系统。

对于大型网站来说，微服务架构可以将网站功能拆分为多个不同的服务，每个服务部署在不同的服务器上，每个服务之间通过 API 接口实现数据通信，从而构建网站功能。

服务之间的通信需要考虑服务的部署方式，比如重试机制、限流、熔断机制、负载均衡和缓存机制等因素，这样能保证每个服务之间的稳健性。

微服务架构有 6 种常见的设计模式，每种模式的设计说明如下。

1. 聚合器微服务设计模式

聚合器调用多个微服务实现应用程序或网页所需的功能，每个微服务都有自己的缓存和数据库，这是一种常见的、简单的设计模式，其设计原理如图 4-2 所示。

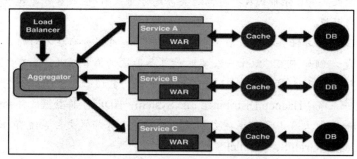

图 4-2 聚合器微服务设计模式

2. 代理微服务设计模式

这是聚合器微服务设计模式的演变模式，应用程序或网页根据业务需求的差异而调用不同的微服务，代理可以委派 HTTP 请求，也可以进行数据转换工作，其设计原理如图 4-3 所示。

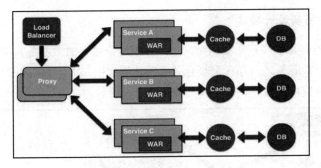

图 4-3　代理微服务设计模式

3. 链式微服务设计模式

　　每个微服务之间通过链式方式进行调用，比如微服务 A 接收到请求后会与微服务 B 进行通信，类似的，微服务 B 会同微服务 C 进行通信，所有微服务都使用同步消息传递。在整个链式调用完成之前，浏览器会一直处于等待状态，其设计原理如图 4-4 所示。

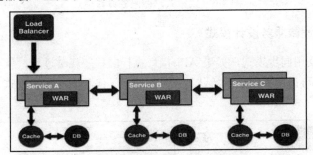

图 4-4　链式微服务设计模式

4. 分支微服务设计模式

　　这是聚合器微服务设计模式的扩展模式，允许微服务之间相互调用，其设计原理如图 4-5 所示。

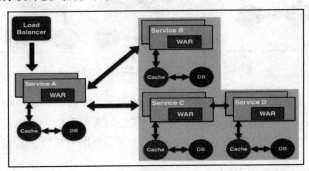

图 4-5　分支微服务设计模式

5. 数据共享微服务设计模式

部分微服务可能会共享缓存和数据库，即两个或两个以上的微服务共用一个缓存和数据库。这种情况只有在两个微服务之间存在强耦合关系时才能使用，对于使用微服务实现的应用程序或网页而言，这是一种反模式设计，其设计原理如图 4-6 所示。

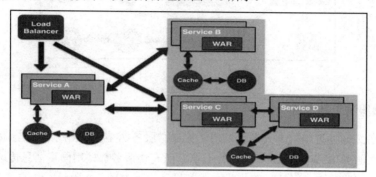

图 4-6　数据共享微服务设计模式

6. 异步消息传递微服务设计模式

由于 API 接口使用同步模式，如果 API 接口执行的程序耗时过长，就会增加用户的等待时间，因此某些微服务可以选择使用消息队列（异步请求）代替 API 接口的请求和响应，其设计原理如图 4-7 所示。

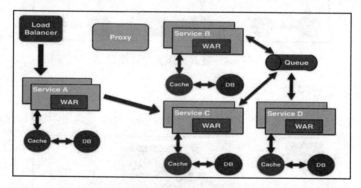

图 4-7　异步消息传递微服务设计模式

微服务设计模式不是唯一的，具体还需要根据项目需求、功能和应用场景等多方面因素综合考虑。对于微服务架构，架构的设计意识比技术开发更为重要，整个架构设计需要考虑多个微服务的运维难度、系统部署依赖、微服务之间的通信成本、数据一致性、系统集成测试和性能监控等。

4.6　本 章 小 结

网站的演变过程可以视为网站架构设计，它可以分为 8 个阶段：

（1）单机模式。

（2）Web 应用与数据库分离。

（3）缓存与搜索引擎。

（4）数据库读写分离。

（5）数据库拆分。

（6）集群模式。

（7）分布式设计。

（8）微服务设计模式。

判断网站是否满足当前业务需求可以从 5 个指标（性能、可用性、伸缩性、扩展性和安全性）综合评估，从网站开发角度来看，网站性能的核心指标主要有响应时间、并发量和吞吐量。

高可用集群通常有两种工作方式：容错系统和负载均衡系统。

- 容错系统通常以主从服务器方式实现，在主服务器正常运行的情况下，从服务器不提供服务，当系统检测发现主服务器出现异常时，从服务器就取代主服务器的工作向外提供服务。
- 负载均衡系统是集群所有节点都正常运行，向外提供服务，它们共同分担整个系统的负载量，这是大型网站常用的技术架构之一。

分布式系统就是将系统功能进行拆分，具体包括 Web 应用和数据库拆分，拆分方式为水平拆分和垂直拆分。

Web 应用的拆分详细说明如下：

- Web 应用的水平拆分是将整个应用分层，如将数据库访问层和业务逻辑层拆分，将网关层和业务逻辑层拆分等。
- Web 应用的垂直拆分是按照功能划分子系统，例如将用户管理和产品查询划分为不同的子系统。

数据库的拆分详细说明如下：

- 数据库的水平拆分是将同一个数据表拆分为多个数据表，不同数据表生成在不同数据库中，即我们常说的分库分表。
- 数据库的垂直拆分是按照业务将表进行分类，例如将人员信息表按照性别或居住地拆分为不同数据表存储。

微服务（Microservice）是一种架构概念，它将功能分解成不同的服务，以降低系统的耦合性，提供更加灵活的服务支持，各个服务之间通过 API 接口进行通信。从微服务架构的设计模式来看，它包含开发、测试、部署和运维等多方面因素。

从概念上来看，分布式和微服务十分相似，微服务也是拆分网站功能，但它只对系统执行垂直拆分，并且拆分粒度更细，每个服务自成一体，具有较强的兼容性。

## 第 5 章

网站常用技术概述

5

作为一名开发人员,无论是开发网站还是其他的系统,了解系统涉及的相关技术是必备要求,本章主要讲解本书的网站项目涉及的相关技术的概念和原理,以便读者能够在实际开发中举一反三,确保项目顺利进行。

本章学习内容:

- DNS 域名解析
- 内容分发网络
- 代理技术
- 消息队列
- 数据存储

5.1 DNS 域名解析

DNS(Domain Name System,域名系统)是互联网的一项服务。域名解析是把域名指向网站所在的服务器 IP,让人们通过域名方便访问网站的一种服务。IP 地址是网络上标识站点的数字地址,为了方便记忆,采用域名来代替 IP 地址标识站点地址,简单来说,网站所在的服务器 IP 好比一个人,域名是给这个人赋予名字,如果更换网站域名,等于给这个人更改名字。

通常情况下,一个域名和一个 IP 是一一对应的,但在大型网站架构中,一个域名可以设置多个 IP,多个 IP 的服务器运行相同的 Web 应用,从而实现网站的负载均衡。

域名配置 IP 地址需要注册和购买域名，并且完成实名制，这个过程不做太多讲述，本书只详细讲述同一域名配置多个 IP 地址。以腾讯云为例，打开腾讯云的"DNS 解析 DNSPod"，添加已购买的域名，单击域名链接或"解析"按钮进入 DNS 域名解析页，如图 5-1 所示。

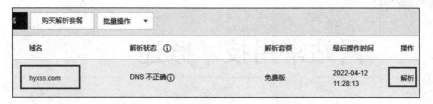

图 5-1　单击域名链接或"解析"按钮

在 DNS 域名解析页，单击"添加记录"按钮，在"主机记录"和"记录值"文本框中分别输入 www 和服务器 IP 地址，如图 5-2 所示。

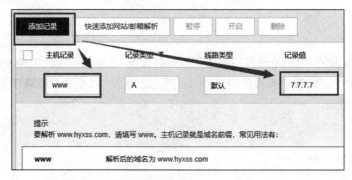

图 5-2　设置域名和 IP 地址

只要添加多条相同的主机记录和不同的记录值，即可实现同一域名配置不同 IP 地址，如图 5-3 所示。

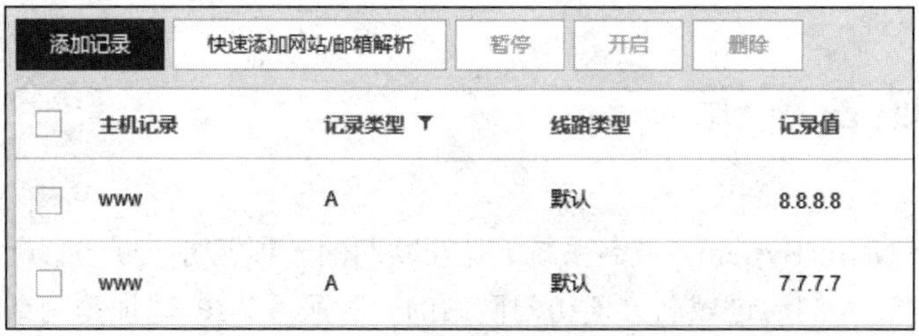

添加记录	快速添加网站/邮箱解析	暂停	开启	删除
☐ 主机记录	记录类型 ▼	线路类型		记录值
☐ www	A	默认		8.8.8.8
☐ www	A	默认		7.7.7.7

图 5-3　同一域名配置不同 IP 地址

完成上述配置后，在浏览器访问 www.hyxss.com，网络运营商的 DNS 服务器自动解析 www.hyxss.com 并找到对应的服务器 IP 地址。如果一个域名配置多个 IP 地址，DNS 服务器则通过负载均衡策略找到其中一个 IP 地址，从而完成网站的整个响应过程。

除了 DNS 域名解析外，对于服务器来说，还有域名配置。因为多个域名还可以解析同一台服务器，所以一台服务器里面可能配置了多个 Web 应用服务。

DNS 域名解析只是将用户浏览请求转发到服务器，但服务器不知道用户浏览请求是给 Web 应用 A 还是 Web 应用 B。

服务器的域名配置是为了使服务器能区分用户请求并完成请求分发，接下来以 Nginx 域名配置为例进行介绍。假设服务器 S 运行 A 和 B 的 Web 应用，两个 Web 应用的域名分别为 www.a.com 和 www.b.com，也就是说，两个不同的域名都解析在同一台服务器 S，那么服务器 S 需要对不同域名进行配置绑定，确保用户访问不同域名能返回相应的网站内容，因此 Nginx 的配置如下：

```
server {
    listen       80;
    server_name  www.a.com;
    location / {
        root /home/project/a;
        index index.html;
    }
}

server {
    listen       80;
    server_name  www.b.com;
    location / {
        root /home/project/b;
        index index.html;
    }
}
```

根据上述配置得知：

（1）当用户访问 www.a.com 的时候，DNS 域名解析将指向服务器 S 的 Nginx，Nginx 根据用户访问 www.a.com 返回/home/project/a 路径下的 Web 服务。

（2）当用户访问 www.b.com 的时候，DNS 域名解析将指向服务器 S 的 Nginx，Nginx 根据用户访问 www.b.com 返回/home/project/b 路径下的 Web 服务。

综上所述，我们分别讲述了 DNS 域名解析和服务器域名配置，两者说明如下：

（1）DNS 域名解析将域名和服务器 IP 进行绑定，当用户访问域名时就会找到对应的服务器 IP，由服务器提供 Web 服务。一个域名可以绑定多台不同的服务器，多个域名可以绑定同一台服务器，域名和服务器之间是多对多的关系。

（2）服务器域名配置是解决多个域名绑定同一台服务器的请求分发混淆问题，确保用户访问不同域名能返回相应的网站内容。

5.2　内容分发网络

内容分发网络（Content Delivery Network，CDN）是指在现有网络基础之上构建智能虚拟网络，依靠部署在各地的边缘服务器，通过中心平台的负载均衡、内容分发、调度等功能模块，使用户就近获取所需的内容，降低网络拥塞，提高用户访问响应速度和命中率，其关键技术是内容存储和分发技术。

从网站架构来看，内容分发网络的主要作用在 DNS 和网站服务器之间，内容分发网络可以自行搭建或者从运营商购买内容分发网络服务。自建内容分发网络可以使用 Nginx 或 Apache 等主流服务器实现，主要在服务器设置缓存和负载均衡实现内容分发网络加速。

自建内容分发网络服务器需要考虑运维、服务器和网络宽带等成本问题，而购买内容分发网络服务只需考虑内容分发网络的流量成本。除了费用成本之外，购买内容分发网络服务在配置使用上也较为简单，以腾讯云的内容分发网络服务为例，整个配置过程如下。

在浏览器登录腾讯云并访问 https://console.cloud.tencent.com/cdn/domains/add 设置 CDN 加速，设置页面如图 5-4 所示。

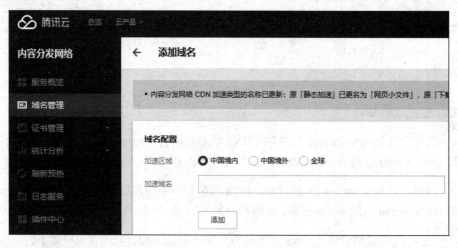

图 5-4　设置 CDN 加速

设置 CDN 加速，一共有 3 个配置：域名配置、源站配置和服务配置，每个配置说明如下：

- 域名配置主要设置加速区域、加速域名和加速类型，如图 5-5 所示。

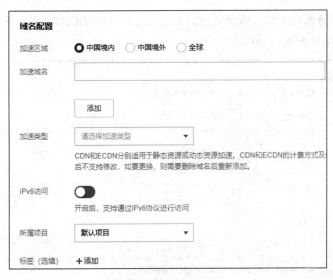

图 5-5 域名配置

> 加速区域分为中国境内、中国境外和全球，这个配置需要根据网站的服务范围决定。
> 加速域名是指网站域名，能同时添加多个域名。
> 加速类型分为5种：CDN网页小文件、CDN下载大文件、CDN音视频点播、ECDN动静加速和ECDN动态加速，每种类型均有不同的应用场景，详细说明可以查看官方说明，如图5-6所示。

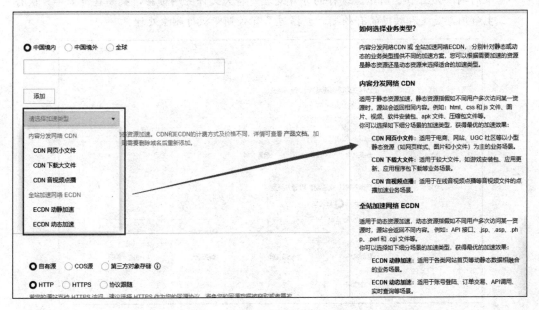

图 5-6 加速类型

- 源站配置分为源站类型、回源协议、源站地址和回源 HOST，它主要设置网站哪些网址需要添加 CDN 加速，如图 5-7 所示。

图 5-7　源站配置

- 服务配置分为回源配置-分片回源和节点缓存过期配置，它主要设置缓存的分片处理和生命周期，如图 5-8 所示。缓存的分片处理是将大文件分块缓存，提高存储效率。缓存的生命周期是缓存数据的有效期，数据过了有效期即执行删除处理。

图 5-8　服务配置

配置成功后，单击"确认提交"按钮，在"域名管理"页面就能看到新增的域名，如图 5-9 所示。

图 5-9　域名管理

最后在 DNS 域名解析新增的记录，以域名 hyxss.com 为例，单击"添加记录"按钮，将主机记录设为 abc，其对应的域名为 abc.hyxss.com，这是网站的二级域名，记录类型设为 CNAME，记录值为 hyxss.com.cdn.dnsv1.com（图 5-9 的 CNAME），如图 5-10 所示。

图 5-10　DNS 域名解析添加 CNAME

5.3　代理技术

目前代理技术分为 3 种：正向代理、透明代理和反向代理，每种代理技术说明如下：

（1）正向代理是用户将网络请求转发给代理服务器，再由代理服务器转发给目标服务器，目标服务器将响应结果发回给代理服务器，代理服务器再转发给用户，其结构如图 5-11 所示。

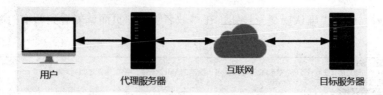

图 5-11   正向代理

（2）透明代理也称为内网代理、拦截代理或强制代理，它对用户具有无感知性，即用户不需要进行额外配置。透明代理和正向代理基本相似，也可以将透明代理作为正向代理的一种特殊模式，其结构如图 5-12 所示。

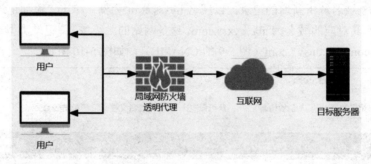

图 5-12   透明代理

透明代理通常作为一种备选模式，如在防火墙中作为访问策略，对部分网络访问进行过滤拦截，常见的场景是企业内部的外网访问限制。总的来说，只要是网关或主链路上的网络设备，均可以实现透明代理模式。

（3）反向代理位于用户与目标服务器之间，也称为反向代理服务器。对于用户而言，反向代理服务器就是目标服务器，用户直接访问反向代理服务器就可以获得目标服务器的数据资源，并且用户不需要知道目标服务器的 IP 地址，其结构如图 5-13 所示。

反向代理服务器通常用于 Web 加速，它只与 Web 服务器连接，以降低 Web 服务器与用户之间的网络连接和负载，提高访问效率，同时也能很好地保护 Web 服务器，防止 Web 服务器的 IP 地址直接暴露给用户，避免 Web 服务器遭受黑客入侵。

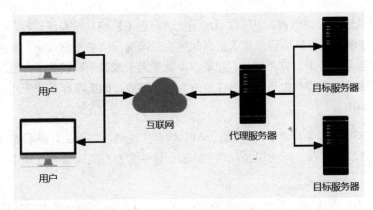

图 5-13　反向代理

5.4　消息队列

消息队列（Message Queue，MQ）是应用程序和应用程序之间的通信方法。消息队列的一个特点是采用异步（比如两个微服务项目并不需要同时完成请求）的方式来传递数据完成业务的操作流程。在系统开发中，消息队列使用中间件来实现，称为消息队列中间件。

消息队列中间件是分布式系统的重要组件，主要解决应用解耦、异步消息、广播、流量削峰等问题，实现高性能、高可用、可伸缩和最终的一致性架构。目前使用较多的消息队列中间件有ActiveMQ、RabbitMQ、ZeroMQ、Kafka、MetaMQ、RocketMQ 等。

应用解耦是将网站多个存在依赖的功能单独拆分，降低各个功能之间的耦合，其结构如图5-14 所示。典型的例子是电商平台的订单系统与商品库存系统，如果网站是分布式或微服务架构，那么订单和库存应该是两个独立的应用或微服务，它们之间通过 API 接口实现数据通信。在创建订单的过程中，如果库存出现异常导致无法访问，订单将创建失败，从而影响整个业务的运行。

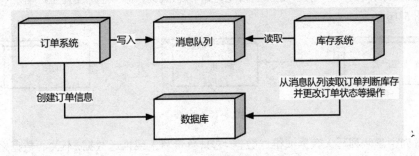

图 5-14　应用解耦

为了降低订单和库存的依赖，即库存系统无法访问也不影响订单系统运行，可以在彼此之间引入消息队列。订单系统将订单信息写入消息队列并直接提示用户下单成功，库存系统再从消息队列获取订单数据并更新用户订单信息：如果存库数量大于或等于购买数量，则将订单改为购买成功；如果存库数量小于购买数量，则将订单改为购买失败；如果库存系统无法运行，则将订单改为商家接单处理中。

从用户角度来看，如果订单和库存通过 API 接口实现通信，那么订单状态只有购买失败和购买成功，如果订单和库存之间使用消息队列，那么订单状态有商家接单处理中、购买失败和购买成功。

异步消息是将一个业务的多个操作步骤同时执行，从而提高网站的响应速度，其结构如图5-15 所示。典型的例子是用户注册功能，如果用户注册过程中分别要执行邮箱验证和短信验证，传统做法是用户提交注册信息→邮箱验证→短信验证，整个过程是按序执行的，如果引入消息队列，当用户提交注册信息后，邮箱验证和短信验证能够并发执行，从而提高用户响应速度。

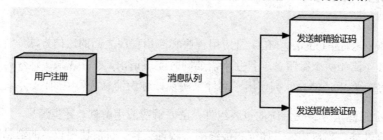

图 5-15　异步消息

如果只是实现异步并发，也可以使用多线程执行邮箱验证和短信验证，但试想一下，当用户注册并发量达到一定数量时，多线程可能加大系统负载量，毕竟多线程不能与消息队列一样实现分布式或微服务架构。

广播是消息队列的基本功能，更加通俗地理解消息队列，可以将其视为生产者和消费者模式，其结构如图 5-16 所示。

图 5-16　广播

生产者向消息队列写入数据或推送数据，它只负责写入或推送数据，不关心数据之后的处理；消费者从消息队列获取数据或订阅数据，它只读取或处理数据，不关心数据来源，两者之间是独立运行的，而消息队列是为生产者和消费者提供数据读写平台。

流量削峰也是消息队列中的常用场景,一般在"秒杀"或"团抢"活动中广泛使用。"秒杀"活动会导致流量暴增,超出网站应用的负载能力而导致网站崩溃。为了解决这个问题,可以在用户发送 HTTP 请求之前,即后端执行业务操作之前使用消息队列限制后端接收请求数量,其结构如图 5-17 所示。

图 5-17 流量削峰

消息队列在大型网站架构中担任了十分重要的角色,但并不是在任何网站架构中都建议使用消息队列。比如在网站并发量和负载量都不是很高的情况下,使用消息队列无疑会增大开发和维护成本。

5.5 数 据 存 储

在简单的 Web 开发中,系统数据一般存储在数据库里面,文件或图片直接存储在服务器里面。比如 Django 的文件上传和下载功能,其实现方式是在配置文件 settings.py 中设置媒体资源文件夹 media,再通过表单提交方式获取前端传递的文件对象并将文件写入媒体资源文件夹 media,同时将文件路径记录在数据库中,以便用户访问或实现文件下载。

数据存储按照类型可以分为 3 类:块存储、文件存储和对象存储,三者的区别如下:

(1)块存储通常提供 ISCSI 协议,可理解为硬盘,直接挂载在服务器,一般用于服务器的存储空间和数据库的数据存储。

(2)文件存储使用 CIFS(SMB)、NFS 等网络文件共享协议,可理解为文件系统,主要通过 TCP/IP 进行访问,比如网站的文件上传和下载,对于用户而言,文件存储就是一个目录,对文件存储的操作与对本机文件的操作没有区别。

(3)对象存储通常提供 S3 以及类 S3 协议,可理解为网盘。对象存储结合了文件存储和块存储的优点,是数据存储的发展方向,也是面向程序和系统的最优文件存储方式。每个对象都被分配一个唯一的标识符,允许一个服务器或者最终用户来检索对象,而不必知道数据的物理地址。对象存储可以比喻为在一家高级餐厅的代客停车,当顾客需要代客停车时,只需把钥匙交给代停车人员并获得一张凭据,顾客不用知道车被停在哪里,也不用知道在他用餐时服务员会把他的车移动多少次,离开餐厅时只需通过凭据就能取回自己的车。在这个比喻中,一个存储对象的唯一标识符就代表顾客的凭据。

对于网站的文件或图片这类数据存储，大部分都是采用文件存储和对象存储，而 Django 的媒体资源文件夹 media 是使用文件存储方式实现的。对于大型网站来说，当文件数量达到海量级别时，单靠 Web 框架的文件存储功能是无法承担巨大的负载量的。

当单个文件存储功能无法满足当前业务负载量时，我们可以搭建分布式存储系统，它具备以下优点：

（1）以集群形式进行扩展，使系统的整体性能呈线性增长。

（2）具备高可用性能，以两层架构表示：一是整个文件系统的可用性，二是数据的完整性和一致性。

（3）具备自动容错和自动负载平衡，允许在成本较低的服务器上构建分布式存储系统。

（4）根据业务灵活地增加或缩减数据存储以及增删存储池的资源，并且不需要中断系统运行。

目前主流的分布式存储系统有 HDFS、Ceph、Lustre、MogileFS、MooseFS、FastDFS、TFS、GridFS 等。在设计系统架构和技术选型的时候，必须考虑业务性质和各个分布式存储系统的特性是否匹配。下面简单介绍每个分布式存储系统的特性。

- HDFS：安装简单，官方文档比较全面；支持大数据批量读写，吞吐量高，一次写入多次读取；难以满足毫秒级别的低延时数据访问，不支持多用户并发写入同一文件。
- Ceph：安装简单，官方文档比较全面；支持集群模式，能够支持多存储节点的规模，支持 TB 到 PB 级的数据；使用底层 C 语言，性能较好，提供文件系统、块存储和对象存储。
- Lustre：安装复杂，官方文档较全，严重依赖 Linux 内核，系统整体功能庞大，不利于开发和维护。
- MogileFS：安装简单，官方文档较全，属于轻量级分布式文件系统，主要用在 Web 领域处理海量的小图片。
- MooseFS：安装简单，官方文档较全，属于轻量级分布式文件系统。
- FastDFS：安装简单，开源地址，由国人开发，社区相对活跃，网上资料较为齐全。
- TFS：安装复杂，由阿里巴巴开发，针对小文件量身定做，随机 IO 性能比较高，不适合大文件的存储，社区活跃度很低。
- GridFS：安装简单，由 MongoDB 开发，它是 MongoDB 的一个内置功能，用来处理大文件（超过 16MB）。

综上所述，我们简单介绍了数据存储和分布式文件存储系统，让读者对数据存储有了基本了解，在后续章节中会深入讲述分布式文件存储系统的安装以及与 Django 的结合使用。

5.6　本　章　小　结

本章主要介绍了网站常用技术：DNS 域名解析、内容分发网络、代理技术、消息队列和数据存储，每种技术的作用说明如下：

（1）DNS 域名解析可以将同一域名配置多台服务器的 IP 地址，由 DNS 服务器通过负载均衡策略找到其中一个 IP 地址，从而完成网站的整个响应过程；或者多个域名绑定同一台服务器的 IP 地址，这种方式在容器技术中十分常见。

（2）内容分发网络主要用在 DNS 域名解析和网站服务器之间，内容分发网络实质上是一台缓存服务器，对网站服务器的数据进行缓存，当用户在浏览器访问域名时，DNS 域名解析将直接指向内容分发网络（缓存服务器），由内容分发网络完成用户响应过程。

（3）代理技术的反向代理服务器通常用于 Web 加速，它只与 Web 服务器连接，以降低 Web 服务器与用户之间的网络连接和负载，提高访问效率，同时也能很好地保护 Web 服务器，防止 Web 服务器的 IP 地址直接暴露给用户，避免 Web 服务器遭受黑客入侵。

（4）消息队列中间件是分布式系统的重要组件，主要解决应用解耦、异步消息、广播、流量削峰等问题，实现高性能、高可用、可伸缩和最终的一致性架构。

（5）数据存储主要介绍分布式文件存储系统，解决网站的图片和文件等数据存储问题，支持集群模式和并发访问，实现网站的高可扩展、高可用和高性能。

第 6 章

容器技术的应用

现代容器技术的出现为大型系统的设计和运维提供了便利，因此了解容器技术在系统设计、部署中的应用是非常必要的。本章主要介绍 Docker 容器的基本知识及如何使用 Docker 部署前后端分离项目。

本章学习内容：

- Docker 概述
- 安装 Docker
- Docker 常用指令
- 安装 MySQL
- Docker-Compose 部署 Vue
- Docker Compose&Dockerfile 部署 Django

6.1 Docker 概述

Docker 是一个开源的应用容器引擎，可让开发者打包应用程序以及依赖包到一个可移植的镜像中，然后发布并运行在 Linux 或 Windows 操作系统上，容器完全使用沙箱机制，相互之间不会有任何接口。

可能有部分读者觉得奇怪，本书内容是大型网站系统的架构设计，为什么要讲述 Docker，这应该是运维方面的知识，感觉与网站架构设计毫无关系。对于这一疑问，笔者可以明确地告知，许多人认为运维就是打杂，其工作是管理服务器和安装软件，这是对运维的片面理解。

如果通俗地理解网站系统架构设计，无非就是考虑高可用、高性能、扩展性、伸缩性和安全性等方面，在技术层面大多数使用分布式、微服务、负载均衡、反向代理等，在整个架构中，程序开发只占了一部分，另一部分是运维技术。

了解运维的读者应该听过 DevOps。在软件开发的生命周期中，都会遇到两次瓶颈：第一次瓶颈在需求阶段和开发阶段之间，针对不断变化的需求，对软件开发者提出了高要求，后来出现了敏捷方法论，强调适应需求、快速迭代、持续交付；第二个瓶颈在开发阶段和构建部署阶段之间，大量完成的开发任务可能阻塞在部署阶段，影响交付，于是有了 DevOps。

DevOps 的三大原则包括：代码构建基础设施、持续交付和协同工作，其中代码构建基础设施是将重复的事情使用自动化脚本或软件来实现。

没有 Docker 之前，网站一般部署在服务器或虚拟机里面，一台服务器或虚拟机可能运行多个服务器，并且服务之间也可能出现冲突情况，当网站架构发生变动时，新增或减少服务都要通过人工处理，每次处理都要给运维人员预留工作时间从而影响交付。

随着 Docker 的兴起，许多运维工作变得轻松简单，一台服务器可以运行多个 Docker 容器，各个容器之间互不干扰，容器里面的应用服务直接通过镜像搭建运行，无须运维人员重复搭建服务器或虚拟机的运行环境。

Docker 镜像相当于一个已经安装好的操作系统，在计算机里面运行 Docker 相当于运行一个新的操作系统。Docker 的基本组成部分分别是镜像、容器和仓库，三者说明如下：

- 镜像是一个只读模板，可以用来创建 Docker 容器，一个镜像可以创建很多容器。简单来说，镜像相当于各类应用软件的统称。
- 容器是 Docker 的运行载体，容器里面运行的必须是镜像，说明这个容器正在运行什么应用软件。
- 仓库是存放镜像的地方，分为公有仓库和私有仓库，最大的公有仓库是 Docker Hub，国内的公有仓库包括阿里云、清华大学源等。

在大型网站中，整个网站可能需要多台服务器共同运行，一台服务器里面可能运行多个 Docker，对于成千上万的 Docker 可能存在管理问题，因此 Kubernetes 应运而生，它是为容器服务而生的一个可移植容器的编排管理工具，这是容器化集群部署方案，除此之外，容器化集群部署方案还有 Docker Compose、Docker Swarm 等。

综上所述，Docker 和 Kubernetes 的兴起对运维工作产生了重大影响，这是技术进步的必然和趋势，同时也影响了网站架构设计方案。如果要成为一名合格的网站架构师，必须顺应技术发展，适当和合理地调整网站架构，保持网站架构的灵活性。

6.2　安装 Docker

Docker 支持 Windows、Linux 和 macOS 等主流操作系统，大多数情况下都选择 Linux 系统运行 Docker。不同版本的 Linux 发行版在安装 Docker 的过程中会存在细微的差异，接下来以 CentOS 8 为例，讲述如何在 CentOS 8 系统中安装 Docker。

首先在腾讯云购买云服务器，操作系统选择 CentOS 8，然后使用 SSH 终端远程连接软件 SecureCRT 连接云服务器，如图 6-1 所示。

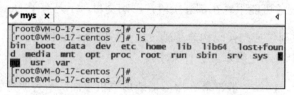

图 6-1　SSH 连接云服务器

使用官方安装脚本或者国内的 DaoCloud 一键安装命令自动安装 Docker，在云服务器中分别输入以下指令并执行：

```
# 官方安装脚本
curl -fsSL https://get.docker.com | bash -s docker --mirror Aliyun
# 国内 daocloud 一键安装命令
curl -sSL https://get.daocloud.io/docker | sh
```

比如使用官方安装脚本自动安装 Docker，安装成功后如图 6-2 所示。

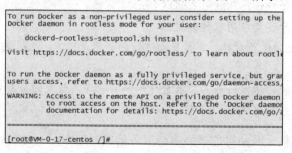

图 6-2　自动安装 Docker

下一步是设置 Docker 镜像仓库，镜像仓库负责镜像内容的存储和分发，简单来说，它是供使用者下载各种软件的平台。设置仓库之前需要在系统中安装相应的依赖软件，安装指令如下：

```
# 安装相应的依赖软件
sudo yum install -y yum-utils device-mapper-persistent-data lvm2
```

然后通过 yum-config-manager 指令设置 Docker 镜像仓库，由于国内外的网络问题，读者可以根据自身的网络情况选择不同网站的镜像仓库，详细设置指令如下：

```
# 官方的镜像仓库
sudo yum-config-manager --add-repo
https://download.docker.com/linux/centos/docker-ce.repo
# 阿里云的镜像仓库
sudo yum-config-manager --add-repo
http://mirrors.aliyun.com/docker-ce/linux/centos/docker-ce.repo
# 清华大学源的镜像仓库
sudo yum-config-manager --add-repo https://mirrors.tuna.tsinghua.edu.cn/
docker-ce/linux/centos/docker-ce.repo
```

最后安装 Docker 引擎，只需通过 yum 指令安装即可，指令如下：

```
# 安装 Docker 引擎
sudo yum install docker-ce docker-ce-cli containerd.io --allowerasing
```

安装指令可以选择参数--allowerasing、--skip-broken 或--nobest，如果没有设置参数，安装将提示异常，每个参数的说明如下：

- --allowerasing：用来替换冲突的软件包。
- --skip-broken：跳过无法安装的软件包。
- --nobest：不使用最佳选择的软件包。

至此，我们已在 CentOS 8 系统中成功安装 Docker。下一步在该系统中运行 Docker，使用 systemctl 指令启动 Docker，然后输入 Docker 指令查看 Docker 的版本信息，操作指令分别如下：

```
# 运行 Docker
sudo systemctl start docker
# 查看 Docker 的版本信息
docker version
```

Docker 成功运行之后，其版本信息如图 6-3 所示。

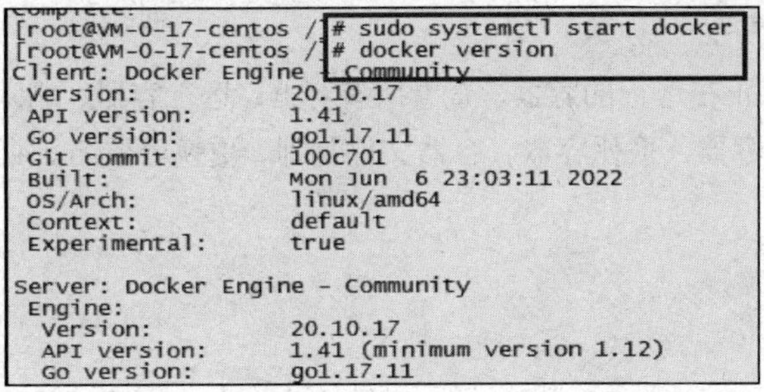

图 6-3　版本信息

6.3　Docker 的常用指令

学习 Docker 必须掌握它的操作指令，将指令按照操作类型划分，可分为 4 种类型：基础指令、容器指令、镜像指令和运维指令。

基础指令包含启动 Docker、停止 Docker、重启 Docker、开机自启动 Docker、查看运行状态、查看版本信息、查看系统信息和查看帮助信息等指令。

启动 Docker、停止 Docker、重启 Docker、开机自启动 Docker 和查看运行状态是在操作系统层面上实现的，等同于在计算机上运行或关闭软件等操作，其详细指令如下：

```
# 启动 Docker
systemctl start docker
# 停止 Docker
systemctl stop docker
# 重启 Docker
systemctl restart docker
# 开机自启动 Docker
systemctl enable docker
# 查看运行状态
systemctl status docker
```

查看版本信息、查看系统信息和查看帮助信息是查看 Docker 的基本信息，其详细指令如下：

```
# 查看版本信息
docker version
# 查看 Docker 系统信息，包括镜像和容器数
docker info
# 查看帮助信息
docker --help
# 查看某个指令的参数格式
docker pull --help
```

容器指令包含查看正在运行的容器、查看所有容器、运行容器、删除容器、进入容器、停止容器、重启容器、启动容器、杀死容器、容器文件复制、更换容器名、查看容器日志等指令，详细指令如下：

```
# 查看正在运行的容器
docker ps
# 查看所有容器
docker ps -a
# 运行容器，以运行 Redis 为例
```

```
docker run -itd --name myRedis -p 8000:6379 redis
# 删除容器
docker rm -f 容器名/容器 ID（容器名/容器 ID 可以通过 docker ps -a 获取）
# 删除全部容器
docker rm -f $(docker ps -aq)
# 进入容器
# 使用 exec 进入
docker exec -it 容器名/容器 ID /bin/bash
# 使用 attach 进入
docker attach 容器名/容器 ID
# 停止容器
docker stop 容器 ID/容器名
# 重启容器
docker restart 容器 ID/容器名
# 启动容器
docker start 容器 ID/容器名
# 杀死容器
docker kill 容器 ID/容器名
# 容器文件复制
# 从容器内复制出来
docker cp 容器 ID/名称: 容器内路径　容器外路径
# 从外部复制到容器内
docker  cp 容器外路径 容器 ID/名称: 容器内路径
# 更换容器名
docker rename 容器 ID/容器名 新容器名
# 查看容器日志
# 参数 tail 用于查看行数，不设置默认为 all
docker logs -f --tail=30 容器 ID
```

在所有容器指令中，以运行容器最为核心，并且指令参数也是最多的，常用参数说明如下：

- -a: 指定标准输入输出的内容类型，参数值分别为 STDIN、STDOUT 和 STDERR。
- -d: 以后台方式运行容器，并返回容器 ID。
- -i: 以交互模式运行容器，通常与-t 同时使用。
- -t: 为容器重新分配一个伪输入终端，通常与-i 同时使用。
- -P: 随机端口映射，将容器内部端口随机映射到主机端口。
- -p: 指定端口映射，参数格式为主机端口:容器端口。
- -name: 为容器指定一个名称。
- -dns: 指定容器使用 DNS 服务器，默认使用主机的 DNS 服务器。
- -h: 指定容器的 hostname。

- -e：设置环境变量，参数格式为环境变量名=变量值，如 username="XXYY"。
- -m：设置容器使用内存的最大值。
- -net：指定容器的网络连接类型，参数值分别为 bridge、host、none 和 container。
- -link：向另一个容器添加网络连接，实现两个容器之间的数据通信。
- -expose：使容器开放一个端口或一组端口，但不会与主机实现端口映射。
- -volume 或-v：将主机文件目录挂载到容器里，实现数据持久化，参数格式为主机目录：容器目录。

镜像指令包含查看镜像、搜索镜像、拉取镜像、删除镜像、强制删除镜像、保存镜像、加载镜像和镜像标签等指令，详细指令如下：

```
# 查看镜像
docker images
# 搜索镜像
docker search 镜像名
# 搜索 MySQL
docker search mysql
# 拉取镜像
docker pull 镜像名
# tag 是拉取镜像指定版本
docker pull 镜像名:tag
# 删除镜像
# 删除一个
docker rmi -f 镜像名/镜像 ID
# 删除多个，多个镜像 ID 或镜像名使用空格隔开即可
docker rmi -f 镜像名/镜像 ID 镜像名/镜像 ID 镜像名/镜像 ID
# 删除全部镜像，参数-a 意思为显示全部，参数-q 意思为只显示 ID
docker rmi -f $(docker images -aq)
# 强制删除镜像
docker image rm 镜像名/镜像 ID
# 保存镜像
docker save 镜像名/镜像 ID -o 保存的文件路径
# 加载镜像
docker load -i 镜像保存文件位置
# 镜像标签
docker tag 源镜像名:标签名 新镜像名:新标签
```

运维指令包含查看 Docker 的运行情况以及清理闲置容器和镜像等指令，例如查看 Docker 的工作目录、磁盘占用情况、磁盘使用情况、删除无用容器和镜像、删除没有被使用的镜像等，详细指令如下：

```
# 查看 Docker 的工作目录
sudo docker info | grep "Docker Root Dir"
# 磁盘占用情况
du -hs /var/lib/docker/
# 磁盘使用情况
docker system df
# 删除无用容器和镜像
# 删除异常停止的容器
docker rm `docker ps -a | grep Exited | awk '{print $1}'`
# 删除名称或标签为 none 的镜像
docker rmi -f `docker images | grep '<none>' | awk '{print $3}'`
# 删除没有被使用的镜像
docker system prune -a
```

至此，我们简单说明了 Docker 的常用指令，如果能熟练使用这些指令，基本上可以达到入门水平。在实际工作中，还需要结合 Dockerfile、Docker Compose、Docker Swarm 或 Kubernetes 一并使用。

关于 Dockerfile、Docker Compose、Docker Swarm 或 Kubernetes 的教程不进行深入讲述，但有必要知道每个工具所实现的功能。

- Dockerfile 用来定制镜像，它是一个文本文件，文件包含一条或多条指令，每条指令用于镜像某一层，主要对当前镜像的某一层执行修改或安装等操作。Docker 的镜像是以分层结构实现的，每个功能是通过一层一层叠加的。例如创建一个 Nginx 容器，那么最底层用的操作系统是 CentOS，在 CentOS 系统上叠加一层安装 Nginx 服务。
- Docker Compose 用来定义和管理容器，当 Docker 需要运行成千上万个容器的时候，一个个容器依次启动就要花费很多时间，而 Docker Compose 只需编写配置文件，在文件中声明需要启动的容器以及参数，Docker 就会按照配置文件启动所有容器。但是 Docker Compose 只能启动当前服务器的 Docker，如果是其他服务器，则无法启动。
- Docker Swarm 是管理多服务器的 Docker 容器，它能启动不同服务器的 Docker 容器、监控容器状态、重启容器、提供负载均衡服务等，全面并多方位管理 Docker 容器。虽然 Docker Swarm 是 Docker 公司研发的，但目前基本已经弃用。
- Kubernetes 与 Docker Swarm 的功能定位是一样的，但它是由谷歌研发的，并且已经成为当前受追捧的热门工具。

6.4 安装 MySQL

如果不使用 Docker 安装 MySQL，而是直接在操作系统中安装 MySQL，整个安装过程与使用 Docker 相比较为烦琐，我们不妨回顾一下在操作系统中安装 MySQL 的步骤：

（1）下载 MySQL 安装包，不同操作系统会有不同文件格式的安装包，如 Windows 有 EXE 安装包，macOS 有 DMG 安装包，Ubuntu 有 DEB 安装包，Red Hat 有 RPM 安装包，等等。

（2）将下载的安装包解压或使用系统指令安装 MySQL，在 MySQL 安装目录下找到配置文件，并根据需求配置 MySQL 功能和启动 MySQL 服务。

（3）在终端窗口下登录 MySQL，修改 root 用户的密码或创建新用户，设置 MySQL 允许远程访问。

上述安装过程看似只有 3 个步骤，但每个步骤都需要使用多条操作指令才能完成，并且不同操作系统的操作指令也会略有不同，如果不熟悉 MySQL 的安装，很容易在安装过程中出现各种问题。

使用 Docker 安装 MySQL 将烦琐的操作从简处理，并且一台服务器能轻易部署多个 MySQL 服务。接下来以 CentOS Stream 8 为例，讲述如何在一台服务器通过 Docker 安装多个 MySQL 服务。

首先使用 SecureCRT 等终端远程软件连接腾讯云服务器，前提条件是保证云服务器已安装 Docker。下一步是在云服务器创建/home/mysql10/conf 文件夹，在文件夹下创建 mysql.cnf 并写入配置信息，代码如下：

```
[mysqld]
pid-file=/var/run/mysqld/mysqld.pid
socket=/var/run/mysqld/mysqld.sock
datadir=/var/lib/mysql
secure-file-priv= NULL
```

上述操作包括创建文件夹、创建和编辑文件，每个操作指令如下：

```
# 切换当前路径
[root@VM-0-17-centos /]# cd /home/
# 查看 home 文件夹的目录信息
[root@VM-0-17-centos home]# ls
# 创建 mysql10/conf 文件夹并切换路径
[root@VM-0-17-centos home]# mkdir mysql10
[root@VM-0-17-centos home]# cd mysql10/
[root@VM-0-17-centos mysql10]# mkdir conf
```

```
[root@VM-0-17-centos mysql10]# cd conf/
# 创建并编辑配置文件 mysql.cnf
[root@VM-0-17-centos conf]# vim mysql.cnf
# 查看配置文件的内容
root@VM-0-17-centos conf]# cat mysql.cnf
[mysqld]
pid-file=/var/run/mysqld/mysqld.pid
socket=/var/run/mysqld/mysqld.sock
datadir=/var/lib/mysql
secure-file-priv= NULL
```

最后在云服务器输入 Docker 指令运行 MySQL 服务，指令如下：

```
docker run --name mysql10 -p 3306:3306
-v /home/mysql10/conf:/etc/mysql/conf.d
-v /home/mysql10/data:/var/lib/mysql
-e MYSQL_ROOT_PASSWORD=1234 -d mysql
```

上述 Docker 指令通过 docker run 运行 MySQL 服务，指令各个参数说明如下：

（1）--name mysql10：设置 Docker 容器名称。

（2）-p 3306:3306：将云服务器端口对接 Docker 端口，通过云服务器端口访问对应 Docker 端口的服务。参数 p 后面的第一个端口 3306 是云服务器端口，第二个端口 3306 是 Docker 端口。

（3）-v /home/mysql10/conf:/etc/mysql/conf.d：将 Docker 的 MySQL 配置文件/etc/mysql/conf.d 挂载到云服务器的文件夹/home/mysql10/conf。参数 v 后面的第一个路径是云服务器文件夹路径，第二个路径是 MySQL 在 Docker 里面的配置文件路径。

（4）-v /home/mysql/data:/var/lib/mysql：将 Docker 的 MySQL 数据/var/lib/mysql 挂载到云服务器的文件夹/home/mysql10/data。

（5）-e MYSQL_ROOT_PASSWORD=1234：设置 MySQL 的 root 用户密码。

（6）-d mysql：镜像名称，如果没有规定 MySQL 版本，默认安装最新版本；如果规定了 MySQL 版本，可以加上版本信息，如-d mysql5.7。

运行上述指令之后，如果从未拉取 MySQL 镜像，Docker 会自动下载并运行 MySQL 服务，运行结果如图 6-4 所示。

```
[root@VM-0-17-centos /]# docker run --name mysql10 -p 3306:3306 -v /home/mysql10/conf:/etc/
mysql/conf.d -v /home/mysql10/data:/var/lib/mysql -e MYSQL_ROOT_PASSWORD=1234 -d mysql
Unable to find image 'mysql:latest' locally
latest: Pulling from library/mysql
e54b73e95ef3: Pull complete
327840d38cb2: Pull complete
642077275f5f: Pull complete
e077469d560d: Pull complete
cbf214d981a6: Pull complete
7d1cc1ea1b3d: Pull complete
d48f3c15cb80: Pull complete
94c3d7b2c9ae: Pull complete
f6cfbf240ed7: Pull complete
e12b159b2a12: Pull complete
4e93c6fd777f: Pull complete
Digest: sha256:152cf187a3efc56afb0b3877b4d21e231d1d6eb828ca9221056590b0ac834c75
Status: Downloaded newer image for mysql:latest
350e8104254ccca756d39b0508281d52e6c55a29ba0a6809650380121e3a2d6f
[root@VM-0-17-centos /]# docker ps -a
CONTAINER ID    IMAGE      COMMAND              CREATED           STATUS
PORTS                                          NAMES
350e8104254c    mysql      "docker-entrypoint.s."  About a minute ago   Up About a minute
0.0.0.0:3306->3306/tcp, :::3306->3306/tcp, 33060/tcp    mysql10
```

图 6-4   运行结果

由于 MySQL 8.0 以上版本更换了加密方式，使用 Navicat Premium 等远程连接软件可能无法连接，并且 MySQL 没有开启远程访问，因此还需要对 MySQL 进行修改。

输入 docker exec -it mysql10 bash 进入 MySQL 所在的 Docker，其中 mysql10 是 Docker 的容器名称，如图 6-5 所示。

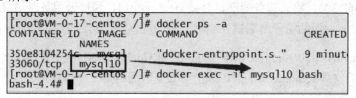

图 6-5   进入容器

进入容器之后，依次登录 MySQL，选中数据表 mysql，修改 root 用户的密码加密方式，开启远程访问，查看修改结果，每个操作指令如下：

```
# 登录 MySQL

mysql -uroot -p1234

# 选中数据表 mysql

use mysql;

# 修改 root 用户的密码加密方式和开启远程访问

alter user 'root'@'%' identified with mysql_native_password by '1234';
```

查看修改结果

```
select host,user,plugin,authentication_string from mysql.user;
```

上述操作指令的运行结果如图 6-6 所示，最后输入两次 exit 分别退出 MySQL 和 Docker。

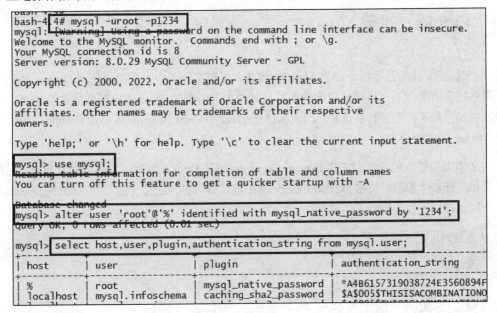

图 6-6　运行结果

我们使用 Navicat Premium 远程连接云服务器的 MySQL，连接信息如图 6-7 所示。

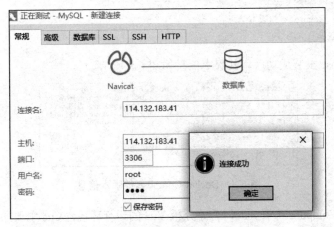

图 6-7　连接 MySQL

　　只要按照上述操作步骤即可搭建第二个 MySQL 服务器，使用 docker run 运行 MySQL 服务必须将每个 MySQL 对应云服务器的端口、挂载配置文件和挂载 MySQL 数据文件夹单独分开，也就是说多个 MySQL 服务不能共用云服务器的一个端口、配置文件和 MySQL 数据文件夹。

6.5　Docker 部署 Vue

　　我们通过 Docker 基础指令部署 MySQL 服务，但在实际工作中却很少使用 Docker 基础指令部署服务，不妨想一下，当网站架构变得越来越庞大，所需的 Docker 容器数量也会相应增加，容器数量越多越不方便管理和维护，因此 Kubernetes、Docker Swarm、Docker Compose 成为当下管理 Docker 的主流技术。

　　由于本书篇幅有限，我们选择 Docker Compose 部署 Docker 容器，它可以执行 YML 配置文件定义和运行多个容器。使用 Docker Compose 之前，必须对其进行安装，以 CentOS Stream 8 为例，分别执行以下安装指令：

```
# 安装 pip 所需的依赖
yum -y install epel-release
# 安装 pip
yum install python3-pip
# 升级 pip 版本
pip3 install --upgrade pip
# 通过 pip 安装 Docker Compose
pip3 install docker-compose
# 查看 Docker Compose 的版本信息
docker-compose version
```

Docker Compose 安装成功后，其版本信息如图 6-8 所示。

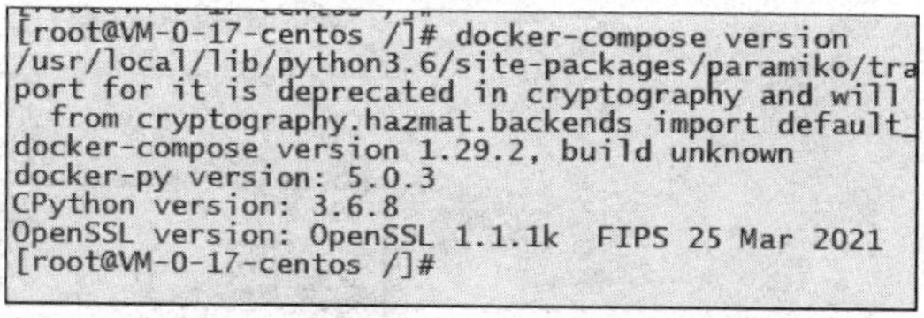

图 6-8　Docker Compose 的版本信息

　　使用 Docker Compose 部署 Vue，首先分析 Vue 的运行环境，Vue 主要通过 Nginx、Apache 或 IIS 等服务器运行并提供向外访问服务。

将第 1 章 Vue 项目的组件文件 Product.vue 和 Signin.vue 的 Ajax 请求地址改为 CentOS 服务器的外网 IP 地址,因为 Vue 项目和 Django 项目是分开独立部署的,容器之间没有实现数据通信,所以通过外网访问实现通信。

对修改后的 Vue 项目进行打包处理,将打包文件夹 dist 放在 E 盘的 client 文件夹里面,目录结构如图 6-9 所示。

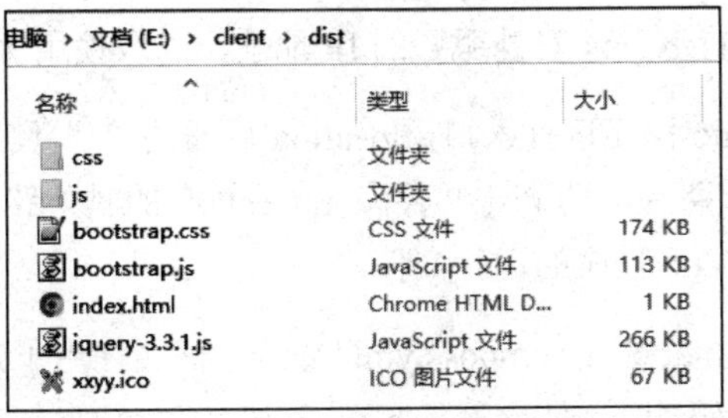

图 6-9　Vue 项目文件

下一步在 client 文件夹创建 nginx.conf 文件,用于配置 Nginx 服务器,打开文件并写入配置信息,具体代码如下:

```
worker_processes 1;

events {
    worker_connections 1024;
}

http {
    include mime.types;
    default_type application/octet-stream;
    sendfile on;
    keepalive_timeout 65;
    server {
    # Web 运行端口
    listen 80;
    # 设置域名,localhost 代表本机 IP 地址
    server_name localhost;
    # root 代表 Vue 打包后的 dist 文件夹在服务器的文件路径
    # index.html 代表 Vue 程序运行文件
    location / {
            root /home/client/dist;
            index index.html;
```

```
        }
      }
   }
```

在上述配置中，参数 listen、server_name 和 location 需要根据实际情况进行配置，详细说明如下：

（1）listen：设置 Nginx 对外服务的访问端口。

（2）server_name：设置 Nginx 对外服务的 IP 地址，一般使用服务器外网 IP。

（3）location：设置 Vue 程序运行入口，location 后面的"/"代表根路由（网站首页）。参数 root 指向/home/client/dist 路径，即 dist 文件夹在 CentOS 的具体路径；参数 index 执行 dist 的 index.html 文件，用于设置 Vue 程序的运行文件。

我们继续在 client 创建 docker-compose.yml 文件，该文件用于定义和运行容器，从而完成 Nginx+Vue 的部署。配置代码如下：

```
version: "3.8"

services:
  nginx:
    # 拉取最新的 Nginx 镜像
    image: nginx:latest
    # 设置端口映射
    ports:
      - "80:80"
    # always 表容器运行发生错误时一直重启
    restart: always
    # 设置挂载目录
    volumes:
      - /home/client/nginx.conf:/etc/nginx/nginx.conf
      - /home/client/dist/:/home/client/dist/
```

在上述配置中，每个配置参数说明如下：

（1）version：设置配置文件的版本信息，它与 Docker 引擎版本存在关联，详细信息请查看 Docker 官方文档。

（2）services：用于定义和运行一个或多个容器。

（3）nginx：创建一个名称为 nginx 的容器，容器名称可自定义，它对应 docker run 指令参数--name。

（4）image：为容器设置镜像，镜像来自 Docker 镜像仓库，它对应 docker run 指令参数-d。

（5）ports：设置服务器和容器的端口映射，使容器能提供向外访问服务，它对应 docker run 指令参数-p。

（6）restart：设置容器的重启策略，它对应 docker run 指令参数--restart。

（7）volumes：将服务器文件目录挂载到容器里，实现数据持久化，它对应 docker run 指令参数-volume 或-v。

从上述配置说明得知，Docker Compose 的容器配置参数与 docker run 指令参数是一一对应的，并且语法格式也是相同的。

最后使用 FileZilla Client 等 FTP 客户端软件连接 CentOS，将整个 client 文件夹复制并粘贴到 CentOS 的 home 目录里面，再通过 SecureCRT 等软件远程连接服务器将当前路径切换到 client 文件夹并执行 docker compose up -d 指令启动容器，详细指令如下：

```
[root@VM-0-17-centos /]# cd home/
[root@VM-0-17-centos home]# cd client/
[root@VM-0-17-centos client]# docker compose up -d
```

当容器成功启动之后，可以通过 docker ps -a 查看容器的运行状态，或者在浏览器访问服务器外网 IP 地址，查看网页能否访问。

6.6　Docker 部署 Django

前端部署只需搭建一个 Nginx 运行 Vue 即可，而后端部署则需要搭建数据库、后端程序运行环境和 Nginx 等。以 3.5 节的后端部署为例，详细部署方案如下：

（1）部署 MySQL 数据库，包括 MySQL 的安装配置、设置 MySQL 的用户加密方式、创建项目数据库。

（2）部署后端程序运行环境，包括 Python 的安装、Django 和 uWSGI 等相关模块的安装、编写并运行配置文件 uwsgi.ini。

（3）部署 Nginx 服务，编写并运行配置文件 nginx.conf。

整个部署方案分 3 个步骤，每一个步骤代表创建一个容器，也就是说整个后端一共需要 3 个容器完成部署，并且每个容器之间能相互通信，整个部署架构如图 6-10 所示。

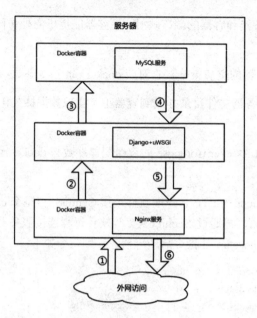

图 6-10　后端部署架构

从图 6-10 的部署架构得知，整个项目的数据通信说明如下：

（1）图中①是指用户通过服务器 IP+端口或域名等方式访问服务器，由于服务器端口与容器端口实现映射，因此用户的访问请求最终交由容器 Nginx 处理。

（2）图中②是指容器 Nginx 收到用户请求后，将请求转发给另一个容器 Django+uWSGI 进行处理。Django 收到用户请求之后，首先找到对应的路由和视图函数进行数据处理。

（3）图中③是指在 Django 处理数据的过程中，当程序数据与数据库发生交互时，会从另一个容器 MySQL 进行数据读写操作。

（4）图中④是指数据库完成数据操作并返回执行结果，Django 收到数据库返回结果并进行下一步处理。

（5）图中⑤是指 Django 将最终处理结果返回给容器 Nginx。

（6）图中⑥是指 Nginx 收到 Django 处理结果之后转发并返回给用户。

由于3个容器之间存在数据通信关系，因此在部署过程中必须保证3个容器在同一个网络里，并且容器之间的通信端口设置符合实际需求，这些都是在部署过程中需要注意的细节，只要某个细节出错，就会导致整个部署失败。

我们在 E 盘创建 servers 文件夹，然后在 servers 中分别创建文件夹 django 和 mysql10 以及文件 docker-compose.yml、Dockerfile 和 nginx.conf,目录结构如图 6-11 所示。

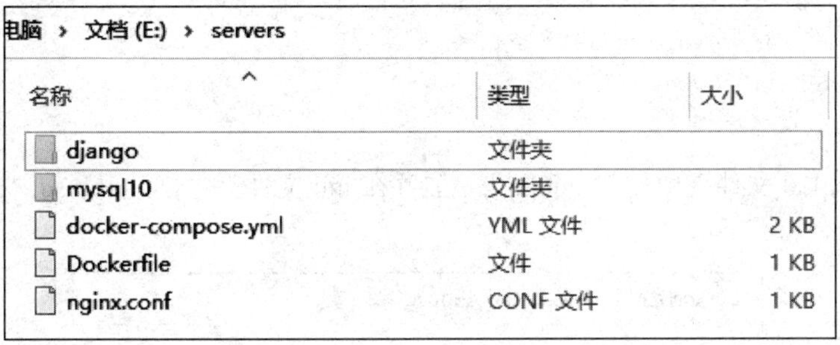

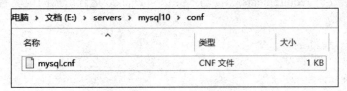

图 6-11 servers 目录结构

servers 的每个文件夹和文件说明如下:

(1)django 文件夹用于存放 Django 项目文件、配置文件 uwsgi.ini 和 Python 模块安装文件 requirements.txt。

(2)mysql10 文件夹含有 conf 和 init 文件夹:conf 文件夹里面存放 MySQL 配置文件 mysql.cnf;init 文件夹里面存放 init.sql 文件,它用于设置 MySQL 的用户加密方式。

(3)docker-compose.yml 用于定义和运行容器,实现后端项目的部署。

(4)Dockerfile 用于定义容器镜像,构建 Python 运行环境、安装模块依赖以及通过 uWSGI 运行 Django。

(5)nginx.conf 用于配置 Nginx,通过 Nginx 与 uWSGI 实现数据通信并配置 Django 静态资源文件。

按照后端部署方案,第一步应该搭建 MySQL,项目搭建顺序并没有先后之分,但为了更好地梳理搭建过程以及各个服务之间的通信关系,建议从底层服务开始搭建,然后向外延伸扩展。

首先在 mysql10 文件夹中创建 conf 文件夹,并在 conf 文件夹中创建 mysql.cnf 文件,文件目录如图 6-12 所示。

电脑 › 文档 (E:) › servers › mysql10 › conf

名称	类型	大小
mysql.cnf	CNF 文件	1 KB

图 6-12 mysql.cnf 文件目录

打开 mysql.cnf 文件,在文件中写入 MySQL 的配置信息并保存退出,配置代码如下:

```
[mysqld]
pid-file=/var/run/mysqld/mysqld.pid
socket=/var/run/mysqld/mysqld.sock
datadir=/var/lib/mysql
secure-file-priv= NULL
```

然后在 mysql10 文件夹中创建 init 文件夹，并在 init 文件夹中创建 init.sql 文件，文件目录如图 6-13 所示。

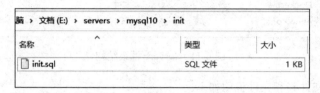

图 6-13　init.sql 文件目录

打开 init.sql 文件，在文件中写入修改 MySQL 用户密码的加密方式和开启 root 用户远程访问的 SQL 语句，代码如下：

```
alter user 'root'@'%' identified with mysql_native_password by 'QAZwsx1234!';
```

从 MySQL 搭建过程得知，root 用户密码为 QAZwsx1234!，它将用于 Django 的配置文件 settings.py。

下一步搭建 Django 应用程序，将第 2 章的 Django 项目（MyDjango 文件夹）放在 django 文件夹，并创建配置文件 uwsgi.ini 和模块安装文件 requirements.txt，文件目录如图 6-14 所示。

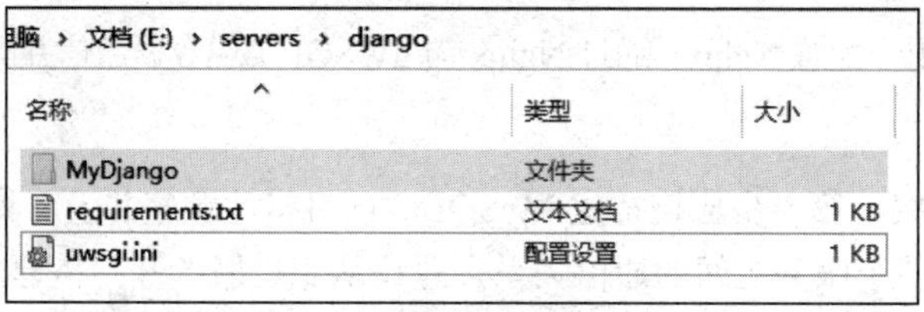

图 6-14　文件目录

打开模块安装文件 requirements.txt，写入并保存 Django 运行所需的模块名称，代码如下：

```
django
django-cors-headers
uwsgi
mysqlclient
```

然后打开 Django 项目的配置文件 settings.py，将 MySQL 的基本信息写入配置属性 DATABASES，详细配置如下：

```
DATABASES = {
    'default': {
        'ENGINE': 'django.db.backends.mysql',
        # 数据库名称
        'NAME': 'MyDjango',
        # 数据库用户名
        'USER': 'root',
        # 数据库密码
        'PASSWORD': 'QAZwsx1234!',
        # db 是 MySQL 在 docker-compose.yml 的命名
        # 此处是 MySQL 与 Django 对接
        'HOST': 'db',
        'PORT': '3306',
    },
}
```

 现在将项目部署在线上运行，Django 必须将开发模式改为生产模式，详细调整过程可以参考 3.5 节。

最后打开配置文件 uwsgi.ini，写入并保存 uWSGI 服务器的配置信息，代码如下：

```
[uwsgi]
# Django-related settings
socket= 0.0.0.0:8080

# 代表 Django 项目目录，该目录是容器挂载的路径
chdir=/home/servers/django/MyDjango

# 代表 MyDjango 的 wsgi.py 文件
module=MyDjango.wsgi

# process-related settings
# master
master=true

# maximum number of worker processes
processes=4

# chmod-socket = 664
# clear environment on exit
```

```
vacuum=true
```

完成 MySQL 和 Django 的配置之后，下一步是构建和运行容器。在 servers 文件夹分别创建 Dockerfile、nginx.conf 和 docker-compose.yml 文件，并对每一个文件写入相应的配置信息。

首先打开 Dockerfile 文件，这是自定义构建 Python 运行环境的容器镜像文件，配置代码如下：

```
# 建立 Python3.9.5 环境
FROM python:3.9.5
# 镜像作者
MAINTAINER HYX
# 设置容器内的工作目录
WORKDIR /home
# 将当前目录 django 复制到容器的/home/servers/django
COPY ./django /home/servers/django
# 在容器内安装 Python 模块
RUN pip install -r /home/servers/django/requirements.txt
-i https://mirrors.aliyun.com/pypi/simple/
```

从 Dockerfile 配置得知，镜像自定义过程如下：

（1）从镜像仓库拉取 Python 3.9.5 版本，并安装在容器中。

（2）将 Dockerfile 同一目录的 django 文件夹复制到容器的/home/servers/django。

（3）在容器内使用 pip 指令对模块安装文件 requirements.txt 执行模块安装。

下一步打开 Nginx 的配置文件 nginx.conf，实现 Django 静态资源文件配置和 Nginx 和 uWSGI 的通信设置，详细代码如下：

```
worker_processes 1;

events {
    worker_connections 1024;
}

http {
    include mime.types;
    default_type application/octet-stream;
    sendfile on;
    keepalive_timeout 65;
    server {
        listen 8000;
```

```
        server_name 127.0.0.1;
        charset utf-8;
        client_max_body_size 75M;
        # 配置静态资源文件
        location /static {
            expires 30d;
            autoindex on;
            add_header Cache-Control private;
            alias /home/servers/django/MyDjango/static/;
        }
        # 配置 uWSGI 服务器
        location / {
            include uwsgi_params;
            # web 是 Django 在 docker-compose.yml 的命名
            # 此处是 Django 与 Nginx 对接
            uwsgi_pass web:8080;
            uwsgi_read_timeout 2;
        }
    }
 }
```

在上述配置中，配置属性 listen、server_name、alias 和 uwsgi_pass 是要根据情况设置的，每个配置的说明如下：

（1）listen 的端口设置为 8000，这与前端的 Ajax 请求地址端口相对应。

（2）server_name 的 IP 地址设为本地 IP 地址，即 CentOS 的本地 IP 地址，它与前端的 Ajax 请求地址（CentOS 的外网 IP 地址）相对应。

（3）alias 是 Nginx 容器内部的 Django 静态文件路径，由 CentOS 的文件挂载到容器内，实现数据持久化。

（4）uwsgi_pass 与 Django+uWSGI 容器实现通信对接，它等同于配置文件 uwsgi.ini 的 socket=0.0.0.0:8080。Django+uWSGI 容器以 web 命名进行使用，而容器命名来自配置文件 docker-compose.yml。

最后编写配置文件 docker-compose.yml，分别将 MySQL、Django+uWSGI 和 Nginx 容器命名为 db、web 和 nginx，并通过自定义网络 my_network 将 db、web 和 nginx 容器捆绑一起，使各个容器之间能够相互通信，详细配置代码如下：

```
version: "3.8"
```

```
networks: # 自定义网络（默认桥接）
  my_network:
    driver: bridge

services:
  db:
    # 拉取最新的 MySQL 镜像
    image: mysql:latest
    # 设置端口
    ports:
      - "3306:3306"
    environment:
      # 数据库密码
      - MYSQL_ROOT_PASSWORD=QAZwsx1234!
      # 数据库名称
      - MYSQL_DATABASE=MyDjango
    # 设置挂载目录
    volumes:
      - /home/servers/mysql10/conf:/etc/mysql/conf.d # 挂载配置文件
      - /home/servers/mysql10/data:/var/lib/mysql
      - /home/servers/mysql10/init:/docker-entrypoint-initdb.d/
    # 容器运行发生错误时一直重启
    restart: always
    # 设置网络
    networks:
      - my_network

  web:
    # 通过同目录下的 Dockerfile 构建镜像
    build: ./
    # 容器启动后执行 uWSGI 启动 Django
    command: uwsgi --ini /home/servers/django/uwsgi.ini
    # 设置端口
    ports:
      - "8080:8080"
    volumes:
      - /home/servers/django:/home/servers/django
    # 容器运行发生错误时一直重启
    restart: always
    # 设置网络
    networks:
```

```
        - my_network

    nginx:
      # 拉取最新的 Nginx 镜像
      image: nginx:latest
      # 设置端口
      ports:
        - "8000:8000"
      # always 表容器运行发生错误时一直重启
      restart: always
      # 设置挂载目录
      volumes:
        - /home/servers/nginx.conf:/etc/nginx/nginx.conf
        - /home/servers/django/MyDjango/static/:/home/servers/django/MyDjango/
static/
      # 设置网络
      networks:
        - my_network
      # 设置容器启动的先后顺序
      depends_on:
        - db
        - web
```

在上述配置中，自定义网络 my_network 以桥接方式搭建，并分别创建和运行容器 db、web 和 nginx，每个容器的说明如下：

（1）db 容器用于创建 MySQL，从镜像仓库拉取最新的 MySQL 版本安装在容器内，并分别设置端口映射、root 用户密码和创建数据库 MyDjango；然后将 CentOS 的 mysql10 文件夹挂载到容器里；最后将容器设置在自定义网络 my_network 中。

（2）web 容器用于创建 Django+uWSGI 应用程序，通过配置属性 build 将自定义镜像安装在容器内，属性值等于 "./" 代表在 docker-compose.yml 同一目录下寻找 Dockerfile 文件；然后分别设置端口映射，挂载 CentOS 的/home/servers/django 到容器里，设置自定义网络 my_network；最后使用 uwsgi 指令启动 Django，配置属性 command 若要执行多条指令，则每条指令之间使用 "&&" 隔开。

（3）nginx 容器用于创建 Nginx，从镜像仓库拉取最新的 Nginx 版本安装在容器内，并分别设置端口映射，将 CentOS 的 Django 静态文件夹 static 挂载到容器内，由配置文件 nginx.conf 在容器内配置 Django 静态资源文件；最后将容器设置在自定义网络 my_network 中，并通过配置属性 depends_on 先后排序并依次启动 db、web 和 nginx 容器。

使用 FileZilla Client 软件连接 CentOS，将整个 servers 文件夹复制并粘贴到 CentOS 的 home 目录中，再通过 SecureCRT 等软件远程连接服务器，将当前路径切换到 servers 文件夹并执行 docker compose up -d 指令启动容器，详细指令如下：

```
[root@VM-0-17-centos /]# cd /home/servers/
[root@VM-0-17-centos servers]# ls
django docker-compose.yml Dockerfile mysql10 nginx.conf
[root@VM-0-17-centos servers]# docker compose up -d
```

当容器启动成功后，输入 docker ps -a 指令查看容器的运行状态，如果容器能正常运行，那么打开浏览器访问服务器外网 IP 地址+8000 端口能看到 API 接口信息，如图 6-15 所示。

图 6-15 API 接口信息

当使用 Navicat Premium 远程连接 MySQL 时，打开数据库 MyDjango 没有发现数据表，这表示 Django 还没执行数据迁移，可以通过 docker exec -it 容器名/容器 ID /bin/bash 指令进入 web 容器，分别进行数据迁移和创建超级管理员账号，操作过程如下：

```
# 进入 web 容器
[root@VM-0-17-centos servers]# docker exec -it xxx /bin/bash
# 在 web 容器切换 Django 所在项目路径
root@xxx:/home# cd servers/django/MyDjango/
# 执行数据迁移
root@xxx:/home/servers/django/MyDjango# python manage.py migrate
# 创建超级管理员账号
root@xxx:/home/servers/django/MyDjango# python manage.py createsuperuser
# 退出 web 容器
root@xxx:/home/servers/django/MyDjango# exit
```

由于 6.5 节已成功部署 Vue 项目，因此打开登录页输入刚刚创建的超级管理员账号和密码并单击"登录"按钮，如果登录成功并进入数据查询页，则说明项目部署成功，否则说明在某个环节出现异常。

综上所述，整个项目部署方案总结说明如下：

（1）前后端独立部署，容器之间没有设置在同一个网络，因为前端的 Ajax 请求需要以外网访问方式与后端通信。

（2）后端部署涉及多个应用服务，如数据库、Web 应用程序、Nginx 等服务，多个服务部署可以在同一个容器或独立部署，部署方案应根据实际需求灵活制定。

（3）如果后端部署涉及多个容器，那么每个容器之间最好部署在同一个网络内，尽量不要以外网访问方式实现通信，因为外网访问不仅不稳定，而且访问速度慢，容易被攻击入侵等。

（4）根据后端功能架构制定每个功能之间的通信策略，特别在分布式系统中，如果系统设有多个数据库和多个 Web 应用程序，两者之间的访问策略必须清晰明确，否则系统一旦宕机就很难找出问题所在。

6.7　本 章 小 结

Docker 是一个开源的应用容器引擎，让开发者打包应用程序以及依赖包到一个可移植的镜像中，然后发布并运行在 Linux 或 Windows 操作系统上，容器完全使用沙箱机制，相互之间不会有任何接口。

Docker 镜像相当于一个已经安装好的操作系统，在计算机中运行 Docker 相当于运行一个新的操作系统，Docker 的基本组成部分包括镜像、容器和仓库，三者说明如下：

- 镜像是一个只读模板，可以用来创建 Docker 容器，一个镜像可以创建很多容器。简单来说，镜像相当于各类应用软件的统称。
- 容器是 Docker 的运行载体，容器里面运行的必须是镜像，用于说明这个容器正在运行什么应用软件。
- 仓库是存放镜像的地方，分为公有仓库和私有仓库，最大的公有仓库是 Docker Hub，国内的公有仓库包括阿里云、清华大学源等。

Docker 指令按照操作类型划分，可分为 4 种类型：基础指令、容器指令、镜像指令、运维指令。

项目部署方案的总结说明如下：

（1）前后端独立部署，容器之间没有设置在同一个网络，因为前端的 Ajax 请求需要以外网访问方式与后端通信。

（2）后端部署涉及多个应用服务，如数据库、Web 应用程序、Nginx 等服务，多个服务部署可以在同一个容器或独立部署，部署方案应根据实际需求灵活制定。

（3）如果后端部署涉及多个容器，各个容器最好部署在同一个网络内，尽量不要以外网访问方式实现通信，因为外网访问不仅不稳定，而且访问速度慢，容易被攻击入侵等。

（4）根据后端功能架构制定每个功能之间的通信策略，特别在分布式系统中，如果系统设有多个数据库和多个 Web 应用程序，两者之间的访问策略必须清晰明确，否则系统一旦宕机就很难找出问题所在。

第 7 章

前端架构设计

7

前端架构设计离不开项目部署，比如如何将项目部署在服务器上，对于复杂项目可能会涉及多台服务器，这样就会涉及集群架构、负载均衡等内容，此外，是否采用分布式架构也是前端项目需要思考的问题。本章主要介绍项目前端架构设计中需要注意的问题。

本章学习内容：

- 使用 DNS 实现集群架构
- 负载均衡扩展架构
- 一些分布式设计的想法
- 使用微前端框架实现分布式架构
- 微前端框架的运行与调试

7.1　使用 DNS 实现集群架构

前端部署，比如本书项目的部署主要是指以 Vue+Nginx、Vue+IIS、Vue+Apache 等方式将 Vue 部署在服务器上。从理论上说，Nginx 的最大并发量是 5 万，但实际很难达到理论上的最大并发量。当一个网站用户量很大时，单个服务器站点就无法满足业务需求，这时系统架构需要结合当前架构与实际业务进行重新设计。

我们暂时撇开实际业务来看，仅从系统架构设计方面分析，单个服务器站点的演变是增加多台服务器同时工作，按照用户负载量分配多台服务器完成，这与多线程并发编程的逻辑思维是一样的。

由于 DNS 可以在一个域名设置多个不同的服务器 IP，也就是说只要在不同服务器部署相同的 Vue，再将每台服务器的 IP 地址绑定在同一个域名即可实现简单的集群架构设计，整个系统架构如图 7-1 所示。

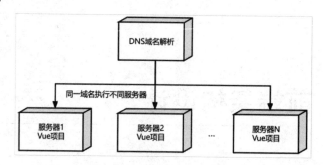

图 7-1   DNS 域名解析多台服务器

以第 1 章的 Vue 项目为例，将 Vue 分别部署在服务器 1（假设 IP 地址为 1.1.1.1）和服务器 2（假设 IP 地址为 2.2.2.2）上，由于服务器 1 和服务器 2 是两台独立的服务器，因此部署方式可以选择直接部署在 Linux 系统或者以 Docker 方式部署，详细部署过程不再重复讲述，读者可以回顾 3.2 节或 6.5 节的内容。

在服务器 1 和服务器 2 部署 Vue 必须将 Vue 访问端口设置为 80，因为 DNS 解析域名对应的服务器只能填写 IP 地址，不能设置访问端口，而 80 端口是服务器的默认端口，换句话说，DNS 解析域名对应的服务器访问端口已设置为 80 端口，并且无法修改。

下一步将服务器 1 和服务器 2 分别绑定到同一个域名，打开腾讯云的"DNS 解析 DNSPod"，添加已购买域名，单击域名链接或"解析"按钮进入 DNS 域名解析页。在 DNS 域名解析页，单击"添加记录"按钮（见图 7-2），在"主机记录"和"记录值"文本框中分别输入"@"和服务器 IP 地址。

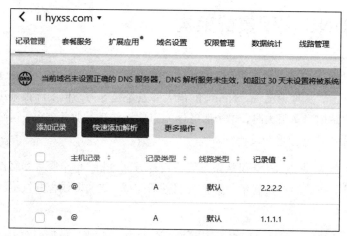

图 7-2   设置域名对应的服务器

当域名设置成功后，在浏览器访问域名 hyxss.com，DNS 服务器会自动将用户访问请求分配到服务器 1 或服务器 2，这样就能实现前端的简单集群架构。

7.2　负载均衡扩展架构

从 DNS 实现集群架构得知，DNS 域名解析只能以服务器为最小基本单位，如果一台服务器只部署一个 Vue 可能无法充分利用服务器资源。因此，我们需要在一台服务器运行多个 Vue，共同承担整个系统的负载量。

在一台服务器运行多个 Vue 实质上是在服务器中部署多个 Vue，并且所有 Vue 加入负载均衡策略。当用户发送访问请求时，服务器首先通过负载均衡策略将访问请求转发到某个 Vue 完成当前请求，其系统架构设计如图 7-3 所示。

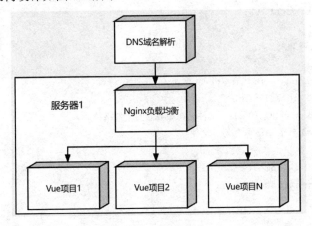

图 7-3　系统架构

根据系统架构设计图搭建系统架构，我们以第 1 章的 Vue 项目为例，并且以 Docker 方式进行部署，这样方便后续管理和维护。

首先在 E 盘创建文件夹 client，再将 Vue 打包后的 dist 文件夹放在 client，然后创建 nginx文件夹和 docker-compose.yml 文件，目录结构如图 7-4 所示。

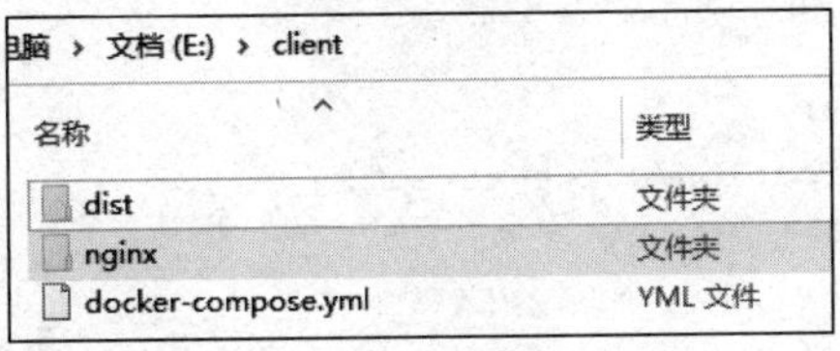

图 7-4　目录结构

在 nginx 文件夹里面创建 Nginx 配置文件 nginx.conf、nginx1.conf 和 nginx2.conf，这 3 个文件分别搭建 Nginx 负载均衡以及部署 Vue 项目 1 和 Vue 项目 2。

下一步将 Vue+Nginx 的部署配置分别写入配置文件 nginx1.conf 和 nginx2.conf 中，配置代码如下所示：

```
# nginx1.conf
worker_processes 1;
events {
    worker_connections 1024;
}
http {
    include mime.types;
    default_type application/octet-stream;
    sendfile on;
    keepalive_timeout 65;
    server {
    # Web 运行端口
    listen 8001;
    # 设置域名, localhost 代表本机 IP 地址
    server_name localhost;
    # root 代表 Vue 打包后的 dist 文件夹在服务器的文件路径
    # index.html 代表 Vue 程序运行文件
    location / {
            root /home/client/dist;
            index index.html;
        }
    }
}

# nginx2.conf
worker_processes 1;
events {
    worker_connections 1024;
}
http {
    include mime.types;
    default_type application/octet-stream;
    sendfile on;
    keepalive_timeout 65;
    server {
```

```
# Web 运行端口
listen 8002;
# 设置域名，localhost 代表本机 IP 地址
server_name localhost;
# root 代表 Vue 打包后的 dist 文件夹在服务器的文件路径
# index.html 代表 Vue 程序运行文件
location / {
        root /home/client/dist;
        index index.html;
    }
  }
}
```

从 nginx1.conf 和 nginx2.conf 的配置信息可以看出，除了对外访问端口不同之外，其他配置都是相同的，Vue 程序运行文件都是指向/home/client/dist 的 index.html，也就是说，Vue 项目 1 和 Vue 项目 2 是对同一个 Vue 项目部署两个独立程序服务，两个服务分别以不同端口访问。

我们再打开配置文件 nginx.conf，将两个 Vue 程序服务通过负载均衡策略写入另一个 Nginx 服务，配置代码如下：

```
worker_processes 1;

events {
    worker_connections 1024;
}

http {
    # 定义负载均衡
    upstream myvue {
        server nginx1:8001;
        server nginx2:8002;
    }
    server {
        listen 80; # Nginx 的访问端口
        location / {
            # 将所有请求转发到负载均衡的 myvue
            # 由 myvue 某个服务器完成当前请求
            proxy_pass http://myvue;
        }
    }
}
```

分析上述配置信息得知：

（1）Nginx 负载均衡是由 upstream 定义的，upstream 后面是负载均衡的名字，可以自定义命名。

（2）负载均衡里面以 server 代表一个独立应用服务，server 后面设置应用服务对应的域名或 IP 地址:端口。

（3）由于使用 Docker compose 部署项目，因此 server 后面的 nginx1 和 nginx2 分别代表 Vue项目 1 和 Vue 项目 2 的 IP 地址。

（4）Nginx 对外访问端口设置为 80，符合 DNS 域名解析服务器 IP 的配置要求，也就是说，用户请求经过 DNS 域名解析之后，下一步就当由前 Nginx 进行处理。

（5）当 Nginx 收到用户请求之后，通过 proxy_pass 代理转发给负载均衡 myvue，通过负载均衡策略转发到某个 Vue 服务，完成当前用户请求。

最后打开 client 的 docker-compose.yml，自定义网络 my_network 和创建和运行 3 个容器 nginx1、nginx2 和 nginx，分别对应配置文件 nginx1.conf、nginx2.conf 和 nginx.conf，配置代码如下：

```
version: "3.8"

networks: # 自定义网络(默认桥接)
  my_network:
    driver: bridge

services:
  nginx1:
    # 拉取最新的 Nginx 镜像
    image: nginx:latest
    # 设置端口映射
    ports:
      - "8001:8001"
    restart: always
    # 设置挂载目录
    volumes:
      - /home/client/nginx/nginx1.conf:/etc/nginx/nginx.conf
      - /home/client/dist/:/home/client/dist/
    networks:
      - my_network

  nginx2:
```

```
    # 拉取最新的 Nginx 镜像
    image: nginx:latest
    # 设置端口映射
    ports:
        - "8002:8002"
    restart: always
    # 设置挂载目录
    volumes:
        - /home/client/nginx/nginx2.conf:/etc/nginx/nginx.conf
        - /home/client/dist/:/home/client/dist/
    networks:
        - my_network

nginx:
    # 拉取最新的 Nginx 镜像
    image: nginx:latest
    # 设置端口映射
    ports:
        - "80:80"
    restart: always
    # 设置挂载目录
    volumes:
        - /home/client/nginx/nginx.conf:/etc/nginx/nginx.conf
        - /home/client/dist/:/home/client/dist/
    # 设置网络
    networks:
        - my_network
    # 设置容器启动的先后顺序
    depends_on:
        - nginx1
        - nginx2
```

在上述配置中，容器 nginx1、nginx2 和 nginx 的配置说明如下：

（1）nginx1、nginx2 和 nginx 容器都是从镜像仓库拉取最新版本的 Nginx，对外访问端口分别为 8001、8002 和 80，配置文件分别为 nginx1.conf、nginx2.conf 和 nginx.conf，并且容器网络设为自定义网络 my_network。

（2）nginx 容器使用 depends_on 先后启动 nginx1 和 nginx2 容器，因为 nginx 容器的负载均衡功能依赖 nginx1 和 nginx2 容器的 Vue 服务。

（3）nginx1 和 nginx2 容器的名称和对外访问端口分别对应配置文件 nginx.conf 的 server

nginx1:8001 和 server nginx2:8002。

　　我们将本地 E 盘的 client 文件夹整个赋值到服务器的 home 文件夹，并通过 SecureCRT 等软件远程连接服务器，将当前路径切换到 client 文件夹并执行 docker compose up -d 指令启动容器，详细指令如下：

```
[root@VM-0-17-centos /]# cd /home/client/
[root@VM-0-17-centos client]# ls
dist  docker-compose.yml  nginx
[root@VM-0-17-centos client]# docker compose up -d
```

　　当容器启动成功后，输入 docker ps -a 指令可以查看容器的运行状态，如果容器能正常运行，在浏览器访问服务器的外网 IP 地址就能看到网页信息，如图 7-5 所示。

图 7-5　网页信息

　　如果要验证 Nginx 的负载均衡功能，可以在服务器查看容器的运行情况，并将其中一个 Vue 服务停止运行，再次回到浏览器访问服务器的外网 IP 地址，查看网页能否正常显示，具体操作如图 7-6 所示。

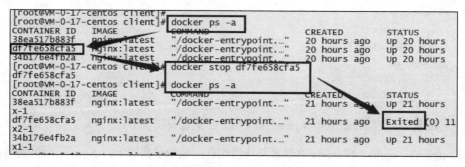

图 7-6　停止运行某个 Vue 服务

7.3　一些分布式设计的想法

分布式架构和集群是两种不同的系统架构，集群是复制多个相同的系统共同完成任务，分布式系统是将一个业务拆分成多个子业务或者将系统各个功能拆分为多个子系统，并且分布在不同的服务器节点。

分布式系统能将系统各个功能或业务实现解耦，即使一个业务或功能出现异常也不会影响其他业务或功能正常运行，此外子业务或子系统也可以使用集群模式，从而减轻子业务或子系统的负载量。

以 CSDN 为例，从 CSDN 的首页导航栏可以看到，它的功能分别为博客、下载·课程、问答、学习、社区、认证、GitCode、云服务，如图 7-7 所示，首页导航栏的每个功能可以作为第一层的功能或业务拆分。

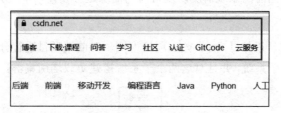

图 7-7　CSDN 首页

首页导航栏的每个功能里面还包含不同的功能，例如单击首页的"下载·课程"，进入后又分为文库首页、下载资源、专栏、视频课、极客商城和专题，如图 7-8 所示，"下载·课程"导航栏的每个功能可以作为第二层的功能或业务拆分。

图 7-8　进入"下载·课程"

按照上述拆分原则，整个网站的功能架构就是分布式系统架构，如图 7-9 所示。

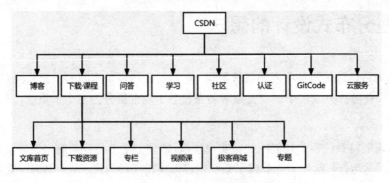

图 7-9　CSDN 功能架构图

如果要深入并且合理地设计网站分布式架构，就必须结合实际业务考虑拆分粒度是否合理、拆分后的数据关联性、拆分设计是否符合业务需求、数据与系统安全性等问题。总的来说，设计分布式系统必须要根据当前的系统情况以及目前的需求进行设计，所有分布式架构设计不能凭空想象和纸上谈兵。

按照上述设计模式，以第 1 章的 Vue 项目为例，对前端项目进行分布式设计，将用户登录和产品查询拆分为两个子系统，并且对这两个子系统搭建负载均衡集群，其设计如图 7-10 所示。

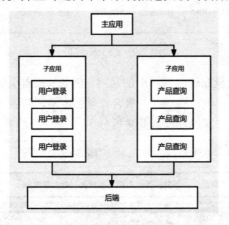

图 7-10　系统设计图

图 7-10 的系统设计看似简单，但实施起来并不容易，拆分前端功能不仅要将所有功能单独拆分一个个应用程序独立运行，还要考虑每个应用程序的全局变量或事件不受影响、数据相互传递、资源加载、路由管理机制等问题。

由于前端的各个功能以独立应用程序运行，拆分后的功能必须统一管理，形成统一的程序入口方便用户访问，因此需要引入微前端框架，目前较为知名的微前端框架如下：

- Bit。
- Webpack 5 和 Module Federation。
- Piral。
- Single SPA。
- OpenComponent。
- Qiankun。

总的来说，微前端框架支持不同的前端框架共同开发，并且能协调每个应用程序独立运行，管理并解决每个应用程序的路由分发、数据传递、资源加载等问题，构建成一个完整的前端项目，从而实现系统的分布式架构设计。

7.4　使用微前端框架实现分布式架构

既然微前端框架可以实现前端的分布式架构，我们以第 1 章的 Vue 和微前端框架 Qiankun 为例，讲述如何使用微前端框架实现分布式架构。

首先将第 1 章的 Vue 项目分别复制到项目文件夹 myvue3 和 myvue3.1，每个文件夹说明如下：

（1）myvue3 是微前端框架的主应用，负责配置微前端框架功能以及实现用户登录功能。

（2）myvue3.1 是微前端框架的微应用，主要实现产品查询功能。

我们在 myvue3 文件夹中创建配置文件 vue.config.js，再使用 PyCharm 打开 myvue3，其目录结构如图 7-11 所示。

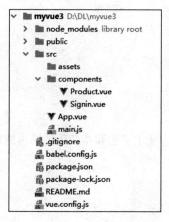

图 7-11　目录结构

然后打开配置文件 vue.config.js，分别配置 Vue 运行端口和跨域访问，配置代码如下：

```
// vue.config.js
module.exports = {
  devServer: {
    port: 8001,
    headers: {
      'Access-Control-Allow-Origin': '*'
    }
  }
}
```

下一步打开组件文件 Product.vue，删除原有产品查询的页面代码，并且导入微前端框架 Qiankun，实现主应用和微应用之间的页面对接，其中<script>这部分代码不是必要的，可以根据需求自行设置，详细示例代码如下：

```
// Product.vue
<template>
    <div id="product"></div>
</template>

<script>
import { start } from 'qiankun';
export default {
    mounted() {
        if (!window.qiankunStarted) {
            window.qiankunStarted = true;
            start({//乾坤配置  https://qiankun.umijs.org/zh/api
                //开启 shadow dom 沙箱隔离
                sandbox: { strictStyleIsolation: true }
            })
        }
    }
}
</script>
```

最后打开 main.js 文件，分别定义主应用和微应用的路由地址、创建 Vue 对象和注册微应用，示例代码如下：

```
// main.js
import {createApp} from 'vue'
import App from './App.vue'
```

```
import axios from 'axios'
import VueAxios from 'vue-axios'
import { createRouter, createWebHistory } from 'vue-router'
import Product from './components/Product.vue'
import Signin from './components/Signin.vue'
import {registerMicroApps, start} from 'qiankun'

// 定义路由，路由设置:url*使运行微应用能自行添加多条路由地址
const routes = [
  { path: '/', component: Signin },
  { path: '/product/:url*', component: Product },
]

// 创建路由对象
const router = createRouter({
  // 设置历史记录模式
  history: createWebHistory(),
  // routes: routes 的缩写
  routes,
})

const app = createApp(App)
// 将路由对象绑定到 Vue 对象
app.use(router)
// 将 vue-axios 与 axios 关联并绑定到 Vue 对象
app.use(VueAxios,axios)
// 挂载使用 Vue 对象
app.mount('#app')

// 在主应用中注册微应用
registerMicroApps([
    {
        name: 'product',                  // 微应用的名称
        entry: 'http://localhost:8008', // 微应用的运行地址
        container: '#product',               // 微应用的 HTML 节点
        activeRule: '/product',              // 微应用的激活规则
    }
])
start()
```

至此，我们已经完成主应用 myvue3 的功能配置，整个配置过程说明如下：

（1）打开 vue.config.js 分别配置 Vue 运行端口和跨域访问。

（2）在组件文件 Product.vueK 中导入微前端框架 Qiankun，并且<div id="product">的属性 id 必须与 main.js 注册微应用的属性 container 相同。

（3）在 main.jsK 中分别为主应用和微应用定义路由地址，主应用的路由是首页，其组件文件为 Signin.vue，即首页功能在主应用中实现，并且首页为用户登录页面。此外，主应用可以不实现任何功能，也就是说主应用的用户登录也可以用微应用表示。

（4）将路由对象 router 绑定到 Vue 对象，其中路由"/product/:url*"指向组件文件 Product.vue，这是微应用的路由入口。最后将 vue-axios 与 axios 关联绑定到 Vue 对象，使主应用的用户登录页能够发送 Ajax 请求。

（5）注册微应用是由 Qiankun 的 registerMicroApps()实现的，每一个微应用以字典表示，每个字典里包含属性 name、entry、container 和 activeRule，每个属性说明不再重复讲述，读者可以查看示例代码的注释说明。

完成主应用 myvue3 的功能配置后，下一步构建微应用 myvue3.1。在 myvue3.1 文件夹中创建配置文件 vue.config.js，再使用 PyCharm 打开 myvue3.1，其目录结构如图 7-12 所示。

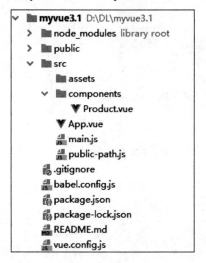

图 7-12　目录结构

打开配置文件 vue.config.js，分别配置 Vue 运行端口、跨域访问和 Webpack 的属性 configureWebpack，配置代码如下：

```
// vue.config.js
const { name } = require('./package.json')
```

```
const path = require('path');

function resolve(dir) {
  return path.join(__dirname, dir);
}

module.exports = {
  devServer: {
    port: 8008,
    headers: {
      'Access-Control-Allow-Origin': '*'
    }
  },
  configureWebpack: {
    resolve: {
      alias: {
        '@': resolve('src'),
      },
    },
    output: {
      library: `${name}-[name]`,
      // 把微应用打包成 umd 库格式
      // 当 libraryTarget 设置为 umd 后，library 所有的模块设为可运行方式
      // 主应用就可以获取到微应用的生命周期钩子函数
      libraryTarget: 'umd',
      jsonpFunction: `webpackJsonp_${name}`
    }
  }
}
```

下一步在 src 文件夹创建 public-path.js 文件，并在 public-path.js 中将 Qiankun 配置写入 Webpack 的__webpack_public_path__，配置代码如下：

```
// public-path.js
if (window.__POWERED_BY_QIANKUN__) {
  // eslint-disable-next-line no-undef
  __webpack_public_path__ = window.__INJECTED_PUBLIC_PATH_BY_QIANKUN__;
}
```

最后在main.js文件中分别定义微应用的路由地址、创建Vue对象和设置Vue生命周期函数，示例代码如下：

```
// main.js
// 导入 public-path.js
import './public-path'
import {createApp} from 'vue'
import axios from 'axios'
import VueAxios from 'vue-axios'
import {createRouter, createWebHistory} from 'vue-router'
import App from './App.vue'
import Product from './components/Product.vue'

// 定义路由
const routes = [
    // 可以自定义路由,所有路由前缀皆为/product/xxx
    {path: '/', component: Product},
    {path: '/b', component: Product},
]

// 创建路由对象
const router = createRouter({
    // 设置历史记录模式,history 必须设置/product
    // 对应主应用 registerMicroApps 的 activeRule
    history: createWebHistory('/product'),
    // routes: routes 的缩写
    routes,
})

function render(props = {}) {
    const {container} = props
    const instance = createApp(App)
    instance.use(router)
    // 将 vue-axios 与 axios 关联并绑定到 Vue 对象
    instance.use(VueAxios, axios)
    instance.mount(container ? container.querySelector('#app') : '#app')
}

if (!window.__POWERED_BY_QIANKUN__) {
    render()
}

// 生命周期 - 挂载前,在这里是由主应用传过来的参数
export async function bootstrap() {
```

```
        console.log("VueMicroApp bootstraped");
    }

    // 生命周期 - 挂载后
    export async function mount(props) {
        console.log("VueMicroApp mount", props);
        render(props);
    }

    // 生命周期 - 解除挂载
    export async function unmount() {
        console.log("VueMicroApp unmount");
    }
```

至此，我们已经完成微应用 myvue3.1 的功能配置，整个配置过程说明如下：

（1）打开 vue.config.js 分别配置 Vue 运行端口、跨域访问和 Webpack 的属性 configureWebpack。

（2）在 public-path.js 中将 Qiankun 配置写入 Webpack 的 __webpack_public_path__，此步骤是所有 Vue 微应用都必须设置的。

（3）在 main.js 中定义微应用的路由地址，是根据当前微应用实现的页面进行配置的，路由对象 router 的 createWebHistory 设置为 "/product"，它与主应用 registerMicroApps 的 activeRule 相互对应。

（4）创建 Vue 对象，通过 render()函数定义，在 if (!window.__POWERED_BY_QIANKUN__) 中调用 render()函数，从而完成 Vue 对象的创建。

（5）分别定义生命周期函数 bootstrap()、mount(props)和 unmount()，这是所有 Vue 微应用都必须设置的，如有特殊需求，可以在这些函数下实现需求功能。

（6）此外，组件文件 Product.vue 是产品查询的页面代码，由于用户登录不在微应用中实现，因此还要删除原有的组件文件 Signin.vue。

7.5　微前端框架的运行与调试

我们通过 Qiankun+Vue 完成前端分布式架构搭建，下一步在本地系统分别启动主应用 myvue3 和微应用 myvue3.1，主应用 myvue3 以 8001 端口运行，微应用 myvue3.1 以 8008 端口运行。

首先在浏览器访问 http://localhost:8001/，这是主应用实现的用户登录页，如图 7-13 所示。如果用户登录页能正常访问，说明主应用能正常运行；如果无法显示页面信息，则说明主应用在配置过程中存在问题。

图 7-13   用户登录页

然后访问 http://localhost:8008/，路由自动跳转到 http://localhost:8008/product/，页面信息如图 7-14 所示。这是以独立方式访问微应用，整个过程没有主应用的参与，因为微应用也是一个完整独立的 Vue 项目，所以它能独立正常访问。

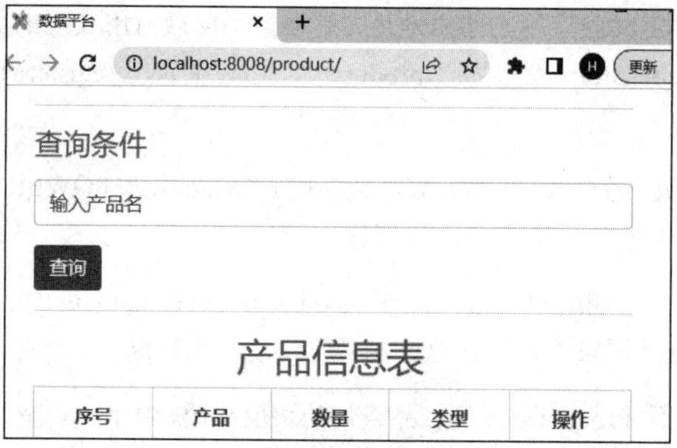

图 7-14   产品查询页

虽然微应用可以独立访问，但在分布式架构中，微应用应该是通过主应用的路由进行访问的，我们在浏览器访问 http://localhost:8001/product/，如果浏览器能展示微应用的产品查询页，则说明整个前端分布式架构已搭建成功，如图 7-15 所示。

图 7-15 产品查询页

如果微应用能独立访问，但通过主应用的路由无法访问，则说明主应用和微应用之间无法实现数据通信，也就是说两者之间的配置存在异常。在这种情况下，从主应用的路由访问微应用，浏览器以空白页展示，如图 7-16 所示。

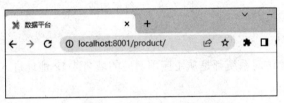

图 7-16 微应用访问异常

我们在微应用 myvue3.1 中分别定义了路由"/"和"/b"，虽然两条路由都是实现产品查询页，其中路由"/"对应主应用的 http://localhost:8001/product/，"/b"则对应主应用的 http://localhost:8001/product/b/，并且在浏览器也能正常访问，如图 7-17 所示。

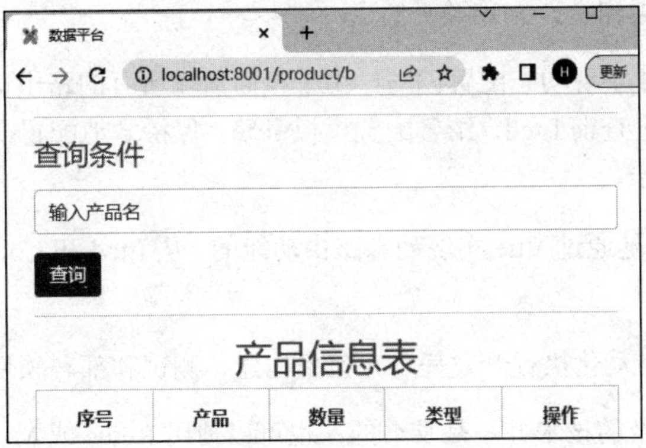

图 7-17 产品查询页

综上所述，通过 Qiankun+Vue 实现前端分布式架构的搭建与运行调试发现，整个系统架构如图 7-18 所示。

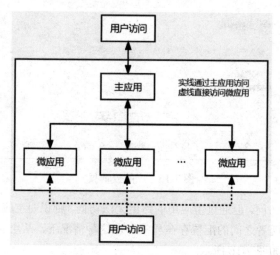

图 7-18   系统架构图

从系统架构图得知：

（1）用户在浏览器访问系统都是从主应用对应的域名或 IP 地址进入的，通过主应用定义的路由访问对应的微应用。

（2）用户也能直接访问微应用，但项目上线生产的时候必须禁止访问微应用，所有访问入口只能从主应用进入，以确保系统的安全性和功能的完整性。

上述示例只是简单演示了微前端架构的应用，但在实际开发中可能涉及功能烦琐、变更频繁、业务逻辑复杂等疑难杂症，因此前端架构可以加入前端动态路由、Etcd、Confd、Jenkins 等工具实现架构高扩展，整个架构设计大致说明如下：

（1）Etcd 和 Confd 实现动态配置读写，用于存储前端所有的路由信息。Confd 是一个轻量级的配置管理工具，通过查询 Etcd，结合配置模板引擎，保持本地配置最新，同时具备定期探测机制，配置变更自动同步。

（2）前端动态路由是通过 Vue 实现动态路由功能的，从 Etcd 和 Confd 获取配置生成对应的路由地址。

（3）Jenkins 用于自动化执行开发任务，包括构建、测试和部署软件等。

上述架构设计所涉及的技术并不是唯一的，也可以使用 Redis 或 MySQL 等实现动态配置读写，再由 Vue 的动态路由从 Redis 或 MySQL 获取配置生成对应的路由地址。

7.6 本 章 小 结

使用 DNS 实现集群架构只能以服务器为最小基本单位，如果一台服务器只部署一个 Vue，那么可能无法充分利用服务器资源。但是在每台服务器部署多个 Vue，通过负载均衡策略也能实现一台服务器的集群架构。也就是说，DNS 和 Nginx 负载均衡都能实现系统集群架构设计，并且这两种技术也能组合使用。

分布式架构和集群是两种不同的系统架构，集群是复制多个相同的系统共同完成任务，分布式系统是将一个业务拆分成多个子业务或者将系统各个功能拆分为多个子系统，并且分布在不同的服务器节点。

微前端框架 Qiankun 与 Vue 的配置说明如下：

（1）在主应用和微应用的 vue.config.js 中分别配置 Vue 运行端口和跨域访问，微应用还需要配置 Webpack 的属性 configureWebpack。

（2）主应用 main.js 通过 Qiankun 的 registerMicroApps()注册微应用，每个被注册的微应用包含属性 name、entry、container 和 activeRule。

（3）主应用 main.js 为每个已注册的微应用定义路由地址，并且每个路由地址对应的组件文件必选设置运行接口，如组件文件 Product.vue 的<div id="product">，id="product"与注册微应用的属性 container 相同。

（4）在微应用的 src 文件夹创建 public-path.js，并将 Qiankun 配置写入 Webpack 的 __webpack_public_path__。

（5）在微应用的 main.js 中定义路由对象 router 的 createWebHistory，设置为"/product"，它与主应用 registerMicroApps 的 activeRule 相对应，并且通过 render()函数定义并调用创建 Vue 对象，此外还需要定义生命周期函数 bootstrap()、mount(props)和 unmount()。

系统架构设计所涉及的工具和技术并不是唯一的，这些都可以灵活组合，但必须符合实际需求，只要每个技术之间能无缝衔接，系统整体能正常运行即可。

第 8 章

后端架构设计

项目后端设计相对来说更复杂，涉及的内容也更多，本章将详细介绍项目后端设计的核心技术要点，包括集群设计、微服务设计、API 网关开发，以及 Django 项目的调试与运行、项目交互和部署等内容。

本章学习内容：

- 系统集群设计思路
- 集群架构部署实施
- 后端集群运行与调试
- 分布式架构设计思路
- 微服务实现原理
- 微服务的功能拆分
- 开发 API 网关
- 调试与运行
- 微服务注册与发现
- Consul 的安装与接口
- Django 与 Consul 的交互
- API 接口关联 Consul
- Consul 的负载均衡
- Django 与 Consul 部署配置

8.1　系统集群设计思路

我们知道，集群架构是将同一套应用程序部署在多台服务器，通过负载均衡策略将用户访问分流到多台服务器共同完成。在不考虑分布式架构的前提下，后端集群架构主要分为两部分：后端应用和数据库，两者的架构设计大致说明如下：

（1）后端应用是指通过后端编程语言实现的 Web 应用程序，常见的后端编程语言有 Java、Python、Golang、PHP、C#等。如果网站系统采用前后端分离架构，后端主要为前端提供 API 接口，实现系统数据存储和业务逻辑处理等。后端应用的集群架构与前端大致相同，可以使用 DNS 域名解析绑定某台服务器（如服务器 A），在服务器 A 使用 Nginx 负载均衡分流给其他服务器（如服务器 B、C、D 等），服务器 B、C、D 则部署后端应用。

（2）数据库集群是多个数据库共同完成数据读写操作，多个数据库同时运行必须保证数据一致性，因此数据库集群都是采用主从结构。常见的集群结构有一主多从结构、多主多从结构、双主多从结构、多主结构等，关于数据库架构设计，我们将会在后续章节深入讲述。

如果只实现后端应用的集群设计，在不考虑分布式架构的前提下，可以将整个后端应用作为最小单位，将同一套后端应用分别部署到多台服务器，多台服务器通过 Nginx 负载均衡实现分流，并且使用 DNS 域名解析绑定 Nginx 负载均衡所在的服务器，其架构设计如图 8-1 所示。

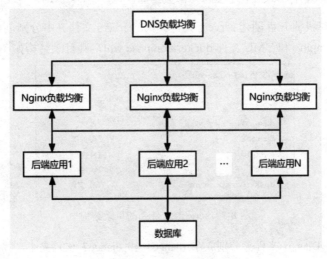

图 8-1　系统架构图

分析图 8-1 得知：

（1）DNS 域名解析绑定了 3 台 Nginx 负载均衡服务器，每台 Nginx 负载均衡服务器分别指向 N 台后端应用服务器。换句话说，3 台 Nginx 负载均衡服务器的所有配置都是相同的，它们通过 DNS 负载均衡策略实现集群架构。

（2）所有后端应用服务器的 HTTP 请求都来自 3 台 Nginx 负载均衡服务器，它们都是同一套后端应用部署，实现的功能完全相同，并且连接同一个数据库，这样能保证每个后端应用的数据一致性。

（3）整个系统架构实现了两级分流，第一级分流是 DNS 负载均衡分流 3 台 Nginx 负载均衡服务器，第二级分流是 3 台 Nginx 负载均衡服务器分流多台后端应用服务器。在此基础上，还可以增加 Nginx 负载均衡服务器和后端应用，充分体现集群的高扩展性。

（4）如有必要，还可以增加多级分流，在 Nginx 负载均衡服务器和后端应用服务器之间再搭建 Nginx 负载均衡服务器，其系统架构与数据结构的树结构图十分相似。

8.2　集群架构部署实施

了解集群设计的基本概念后，我们通过简单示例搭建后端集群架构。整个架构实现技术是在同一台服务器使用 Docker-Compose 搭建多个容器，由 1 台 Nginx 负载均衡服务器分流给 2 台后端应用服务器，并且所有后端应用连接同一个数据库。

首先在本地计算机的 E 盘创建 servers 文件夹，在 servers 文件夹中分别创建文件夹 django1、django2、mysql10、nginx 和 YML 文件 docker-compose.yml，其目录结构如图 8-2 所示。

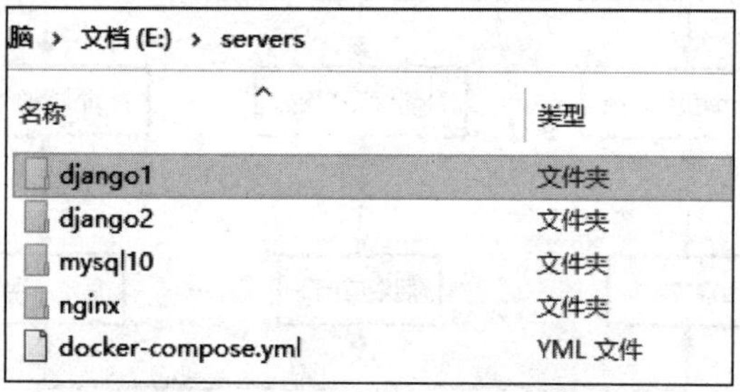

图 8-2　servers 文件夹的目录结构

将 6.6 节的 MyDjango 文件夹分别放在 django1 和 django2 文件夹中，并且创建 Dockerfile、requirements.txt 和 uwsgi.ini 文件，其目录结构如图 8-3 所示。

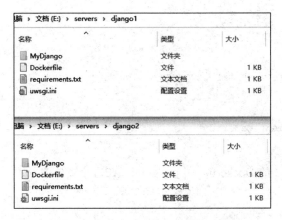

图 8-3   django1 和 django2 目录结构

　　django1 和 django2 文件夹中的 MyDjango 和 requirements.txt 是同一份文件，而 Dockerfile 和 uwsgi.ini 的配置信息大致相同，只是运行端口和文件路径略有不同。打开 django1 的 Dockerfile 和 uwsgi.ini，在每个文件中分别写入相关配置信息，代码如下：

```
# Dockerfile
# 建立 Python3.9.5 环境
FROM python:3.9.5
# 镜像作者
MAINTAINER HYX
# 设置容器内的工作目录
WORKDIR /home
# 将当前目录复制到容器的/home/servers/django1
COPY ./MyDjango /home/servers/django1
COPY ./requirements.txt /home/servers/django1
COPY ./uwsgi.ini /home/servers/django1
# 在容器内安装 Python 模块
RUN pip install -r /home/servers/django1/requirements.txt
-i https://mirrors.aliyun.com/pypi/simple/


# uwsgi.ini
[uwsgi]
# Django-related settings
socket= 0.0.0.0:8081
# 代表 MyDjango 的项目目录
chdir=/home/servers/django1/MyDjango
# 代表 MyDjango 的 wsgi.py 文件
module=MyDjango.wsgi
```

```
# process-related settings
# master
master=true
# maximum number of worker processes
processes=4
# chmod-socket = 664
# clear environment on exit
vacuum=true
```

我们再打开 django2 的 Dockerfile 和 uwsgi.ini，在每个文件中分别写入相关配置信息，代码如下：

```
# Dockerfile
# 建立 Python3.9.5 环境
FROM python:3.9.5
# 镜像作者
MAINTAINER HYX
# 设置容器内的工作目录
WORKDIR /home
# 将当前目录复制到容器的/home/servers/django2
COPY ./MyDjango /home/servers/django2
COPY ./requirements.txt /home/servers/django2
COPY ./uwsgi.ini /home/servers/django2
# 在容器内安装 Python 模块
RUN pip install -r /home/servers/django2/requirements.txt
-i https://mirrors.aliyun.com/pypi/simple/


# uwsgi.ini
[uwsgi]
# Django-related settings
socket= 0.0.0.0:8082
# 代表 MyDjango 的项目目录
chdir=/home/servers/django2/MyDjango
# 代表 MyDjango 的 wsgi.py 文件
module=MyDjango.wsgi
# process-related settings
# master
master=true
# maximum number of worker processes
processes=4
# chmod-socket = 664
# clear environment on exit
```

```
vacuum=true
```

从 django1 和 django2 的 Dockerfile 和 uwsgi.ini 的配置发现，django1 的后端应用以 8081 端口运行，django2 的后端应用以 8082 端口运行，并且每个后端的部署文件都是单独分开的。

除了上述设置之外，还可以将后端应用的相同文件抽取在同一个文件夹，只需创建不同的 uwsgi.ini 即可，因为每个后端只是运行的端口不同，其他配置大致相同。虽然这种配置方式较为简便，但非常考验个人对整个项目的配置思路，对于新手来说，建议采用单独分开的部署方式。

下一步将 6.6 节的 mysql10 文件夹的所有文件复制到 servers 的 mysql10 文件夹，因为数据库与 6.6 节的部署方式相同，这里便不再重复讲述。然后打开 nginx 文件夹，分别创建 nginx.conf、nginx1.conf 和 nginx2.conf 文件并编写相应配置信息，代码如下：

```
# nginx.conf
worker_processes 1;
events {
    worker_connections 1024;
}
http {
    # 定义负载均衡
    upstream mydjango {
        server nginx1:8001;
        server nginx2:8002;
    }
    server {
        listen 8000; # Nginx 的访问端口
        location / {
            # 将所有请求转发到负载均衡的 myvue
                # 由 myvue 某个服务器完成当前请求
            proxy_pass http://mydjango;
        }
    }
}


# nginx1.conf
worker_processes 1;
events {
    worker_connections 1024;
}
http {
    include mime.types;
```

```
        default_type application/octet-stream;
        sendfile on;
        keepalive_timeout 65;
        server {
            listen 8001;
            server_name 127.0.0.1;
            charset utf-8;
            client_max_body_size 75M;
            # 配置静态资源文件
            location /static {
                expires 30d;
                autoindex on;
                add_header Cache-Control private;
                alias /home/servers/django1/MyDjango/static/;
            }
            # 配置 uWSGI 服务器
            location / {
                include uwsgi_params;
                # web 是 Django 在 docker-compose.yml 的命名
                # 此处是 Django 与 Nginx 对接
                uwsgi_pass web1:8081;
                uwsgi_read_timeout 2;
            }
        }
    }


# nginx2.conf
worker_processes 1;
events {
    worker_connections 1024;
}
http {
    include mime.types;
    default_type application/octet-stream;
    sendfile on;
    keepalive_timeout 65;
    server {
        listen 8002;
        server_name 127.0.0.1;
        charset utf-8;
        client_max_body_size 75M;
```

```
        # 配置静态资源文件
        location /static {
            expires 30d;
            autoindex on;
            add_header Cache-Control private;
            alias /home/servers/django2/MyDjango/static/;
        }
        # 配置 uWSGI 服务器
        location / {
            include uwsgi_params;
            # web 是 Django 在 docker-compose.yml 的命名
            # 此处是 Django 与 Nginx 对接
            uwsgi_pass web2:8082;
            uwsgi_read_timeout 2;
        }
    }
}
```

从上述配置代码得知：

（1）nginx.conf 实现 Nginx 负载均衡功能，它的对外访问端口为 8000，当用户访问 8000 端口时，Nginx 根据负载均衡策略分流给 8001 或 8002 端口的后端应用。

（2）nginx1.conf 衔接 Nginx 负载均衡服务器和 django1 启动的 uWSGI 服务。当 Nginx 负载均衡分流给 8001 端口时，由 nginx1.conf 启动的 Nginx 服务接收用户请求，并且将请求转发给 uWSGI 服务器（django1 启动的 uWSGI 服务），再由 uWSGI 转发请求到 Django 应用程序，从而完成整个响应过程。

（3）nginx2.conf 衔接 Nginx 负载均衡服务器和 django2 启动的 uWSGI 服务，它的工作原理和过程与 nginx1.conf 相同。

最后打开 servers 的 YML 文件 docker-compose.yml，分别定义和运行 6 个容器，每个容器部署说明如下：

- 一个容器部署 MySQL 数据库。
- 两个容器部署两个相同的后端应用（Django+uWSGI），分别为 Django1 和 Django2，从而实现简单的集群模式。
- 两个容器部署两个相同的 Nginx 服务，分别为 Nginx 服务 1 和 Nginx 服务 2，并且与 Django1 和 Django2 的 uWSGI 对接。
- 一个容器部署 Nginx 负载均衡，分别对 Nginx 服务 1 和 Nginx 服务 2 搭建负载均衡。

详细配置代码如下：

```yaml
version: "3.8"

networks: # 自定义网络（默认桥接）
  my_network:
    driver: bridge

services:
  db:
    # 拉取最新的 MySQL 镜像
    image: mysql:latest
    # 设置端口
    ports:
      - "3306:3306"
    environment:
      # 数据库密码
      - MYSQL_ROOT_PASSWORD=QAZwsx1234!
      # 数据库名称
      - MYSQL_DATABASE=MyDjango
    # 设置挂载目录
    volumes:
      - /home/servers/mysql10/conf:/etc/mysql/conf.d # 挂载配置文件
      - /home/servers/mysql10/data:/var/lib/mysql
      - /home/servers/mysql10/init:/docker-entrypoint-initdb.d/
    # 容器运行发生错误时一直重启
    restart: always
    # 设置网络
    networks:
      - my_network

  web1:
    # 通过 django1 目录下的 Dockerfile 构建镜像
    build: ./django1
    # 容器启动后执行 uwsgi 启动 Django
    command: uwsgi --ini /home/servers/django1/uwsgi.ini
    # 设置端口
    ports:
      - "8081:8081"
    volumes:
      - /home/servers/django1:/home/servers/django1
```

```
    # 容器运行发生错误时一直重启
    restart: always
    # 设置网络
    networks:
        - my_network

nginx1:
    # 拉取最新的 Nginx 镜像
    image: nginx:latest
    # 设置端口
    ports:
        - "8001:8001"
    # always 表容器运行发生错误时一直重启
    restart: always
    # 设置挂载目录
    volumes:
        - /home/servers/nginx/nginx1.conf:/etc/nginx/nginx.conf
        - /home/servers/django1/MyDjango/static/:
          /home/servers/django1/MyDjango/static/
    # 设置网络
    networks:
        - my_network
    # 设置容器启动的先后顺序
    depends_on:
        - db
        - web1

web2:
    # 通过 django2 目录下的 Dockerfile 构建镜像
    build: ./django2
    # 容器启动后执行 uwsgi 启动 Django
    command: uwsgi --ini /home/servers/django2/uwsgi.ini
    # 设置端口
    ports:
        - "8082:8082"
    volumes:
        - /home/servers/django2:/home/servers/django2
    # 容器运行发生错误时一直重启
    restart: always
    # 设置网络
    networks:
```

```
        - my_network

nginx2:
    # 拉取最新的 Nginx 镜像
    image: nginx:latest
    # 设置端口
    ports:
        - "8002:8002"
    # always 表容器运行发生错误时一直重启
    restart: always
    # 设置挂载目录
    volumes:
        - /home/servers/nginx/nginx2.conf:/etc/nginx/nginx.conf
        - /home/servers/django2/MyDjango/static/:
        /home/servers/django2/MyDjango/static/
    # 设置网络
    networks:
        - my_network
    # 设置容器启动的先后顺序
    depends_on:
        - db
        - web2

nginx:
    # 拉取最新的 Nginx 镜像
    image: nginx:latest
    # 设置端口
    ports:
        - "8000:8000"
    # always 表容器运行发生错误时一直重启
    restart: always
    # 设置挂载目录
    volumes:
        - /home/servers/nginx/nginx.conf:/etc/nginx/nginx.conf
    # 设置网络
    networks:
        - my_network
    # 设置容器启动的先后顺序
    depends_on:
        - nginx1
        - nginx2
```

由于 Docker-Compose 的配置信息与 6.6 节的大致相同，因此这里不再重复讲述每个属性的作用与配置格式。至此，我们已完成整个后端应用的集群部署，在整个部署过程中需要注意以下几点：

（1）每个后端应用的运行端口和文件路径的配置。如果多个后端应用部署在同一台服务器，那么它们的运行端口不能相同，否则会出现端口冲突；如果每个应用的文件路径存在不同，那么编写 uwsgi.ini、Dockerfile 或 docker-compose.yml 的时候要确保文件路径是否正确。

（2）如果 Nginx、后端应用和数据库部署均不在同一台服务器，那么三者之间的数据通信应该采用公网访问形式或者使用 Kubernetes 搭建容器实现跨主机通信。

8.3　后端集群运行与调试

我们已完成后端集群的部署配置，下一步在服务器中通过 Docker 运行。首先使用文件传输工具 FileZilla Client 将 E 盘的 servers 文件夹整个复制到服务器的 home 文件夹下，然后使用 SecureCRT 远程连接服务器将当前路径切换到 servers 文件夹，并执行 docker compose up -d 指令启动容器，详细指令如下：

```
[root@VM-0-8-centos ~]# cd /home/
[root@VM-0-8-centos home]# cd servers/
[root@VM-0-8-centos servers]# docker compose up -d
```

在指令执行完成后，输入 docker ps -a 查看容器的运行状态，在正常情况下，系统会自动创建和启动 6 个容器，如图 8-4 所示。

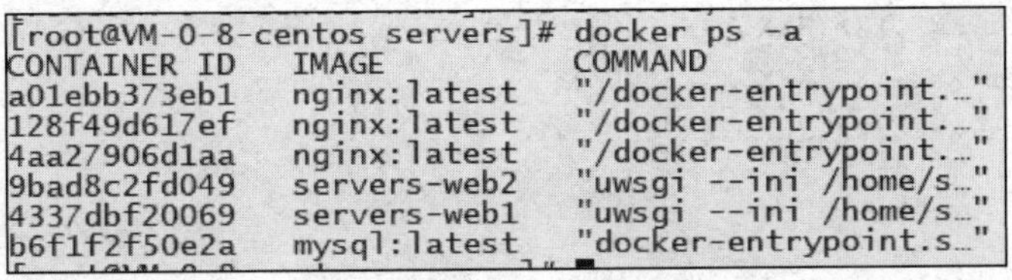

```
[root@VM-0-8-centos servers]# docker ps -a
CONTAINER ID    IMAGE           COMMAND
a01ebb373eb1    nginx:latest    "/docker-entrypoint."
128f49d617ef    nginx:latest    "/docker-entrypoint."
4aa27906d1aa    nginx:latest    "/docker-entrypoint."
9bad8c2fd049    servers-web2    "uwsgi --ini /home/s."
4337dbf20069    servers-web1    "uwsgi --ini /home/s."
b6f1f2f50e2a    mysql:latest    "docker-entrypoint.s."
```

图 8-4　查看容器的运行状态

如果在执行 docker compose up -d 指令时出现异常，一般情况下都是配置存在问题，可能是端口配置或文件路径存在错误，具体问题需要结合出现的异常信息进行详细分析。

当整个后端集群成功运行后，打开浏览器访问服务器公网 IP+8000 端口（例如 159.75.213.241:8000），8000 是 Nginx 负载均衡的对外访问端口，具体访问结果如图 8-5 所示。

图 8-5 访问结果

从图 8-5 得知,当用户通过浏览器访问 Nginx 负载均衡服务器时,Nginx 通过负载均衡策略将用户请求转发给某台后端应用服务器进行处理,从而完成整个用户请求和响应过程。

如果停止运行某一台后端应用服务器,只剩下一台后端应用服务器正常运行,用户再次访问 159.75.213.241:8000 也能正常访问,但是所有用户请求都由同一台后端应用服务器处理。

在系统正常运行的状态下,动态增加或减少后端应用服务器都不会影响系统运行,这也说明集群架构具有灵活的高扩展性和高可用性。动态减少后端应用服务器只需将运行中的容器停止运行即可,如果是动态增加后端应用服务器,那么可以在 Nginx 负载均衡服务器的配置文件中预留多个后端应用服务器接口,示例代码如下:

```
worker_processes 1;
events {
    worker_connections 1024;
}
http {
    # 定义负载均衡
    upstream mydjango {
        server nginx1:8001;
        server nginx2:8002;
        server XXX.XXX.XXX.XXX:8003;
        server XXX.XXX.XXX.XXX:8004;
        server XXX.XXX.XXX.XXX:8005;
    }
    server {
        listen 8000; # Nginx 的访问端口
        location / {
        # 将所有请求转发到负载均衡的 myvue
            # 由myvue某个服务器完成当前请求
          proxy_pass http://mydjango;
        }
    }
}
```

如果后端应用服务器和Nginx负载均衡服务器是共同部署的,那么可以使用Docker Compose

的容器命名;如果两者是分开独立部署的,那么使用 IP+端口或 Kubernetes 搭建容器跨主机通信。

8.4　分布式架构的设计思路

4.4 节讲解了分布式的概念,本节以 CSDN 为例讲解分布式架构的设计思路。从 CSDN 的首页导航栏可以看到,它的功能分别为博客、下载·课程、问答、学习、社区、认证、GitCode、云服务,如图 8-6 所示。

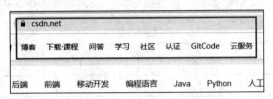

图 8-6　CSDN 首页

每一个功能可以单独存在,并且功能之间不会相互影响,这是分布式系统的 Web 应用垂直拆分设计,也是我们常说的微服务架构设计。但是多个功能之间能共用同一个账号,这是对用户管理和业务功能执行水平拆分,整个系统分布式架构设计如图 8-7 所示。

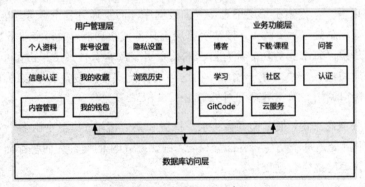

图 8-7　分布式架构设计

分析图 8-7 得知:

(1)整个系统按照水平拆分划分为用户管理层、业务功能层和数据库访问层,每一层之间的数据存在关联,比如用户管理的浏览历史,历史数据可能来自博客、社区、问答等业务功能,数据访问层为用户管理层和业务功能层提供数据读写支持。

(2)业务功能层按照 CSDN 首页功能进行垂直拆分,每个功能的业务逻辑不会相互影响,比如博客只展示博客文章,并有博客类型分类、热门推荐、作者推荐等功能,但绝对不会出现问答功能的内容。由于博客文章都是由 CSND 每一位用户上传的,因此它与用户管理也存在水平拆分关系。

在分布式系统架构中，每个功能模块之间都会存在关联，从而构成一个整体。对于大型网站来说，不仅要考虑业务功能的拆分，还要考虑分布式会话、分布式事务、搜索引擎、缓存、消息队列和系统配置中心等基础功能组件的架构设计，这些功能组件为业务功能提供基础运行保障。

我们不妨举个例子加以说明，例如对 CSDN 首页的搜索功能进行架构设计，按照不同拆分方式可以得出不同的架构设计。如果采用水平拆分方式，搜索引擎作为功能组件层，数据由业务功能提供，通过 API 接口或 RPC 方式实现数据通信，架构设计如图 8-8 所示。

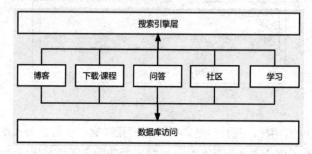

图 8-8　架构设计的水平拆分

从图 8-8 可以看到，搜索引擎层不直接查询数据库，而是通过各个业务功能进行数据查询，再将查询结果进行汇总处理。实质上，搜索引擎层不具备搜索功能，而每个业务功能拥有独立的搜索功能。也就是说，每个业务功能都有自己的搜索引擎，所有搜索结果由每个业务功能提供，然后由搜索引擎层将结果汇总并统一输出，在这种设计模式中，搜索引擎层的作用类似于 API 网关，主要负责接口调用、数据处理和对外输出。

对于水平拆分概念来说，很多读者会将水平拆分和集群混淆。集群是由多个完全相同的功能节点组成的；水平拆分是每个功能只有部分相同，例如 CSDN 的博客和问答都需要用户信息，而用户信息由用户管理层提供数据支持。

如果采用垂直拆分方式，每个业务功能就不具备搜索功能，搜索引擎直接连接数据库，根据用户请求执行相应数据查询并输出结果，整个过程无须业务功能参与，其架构设计如图 8-9 所示。

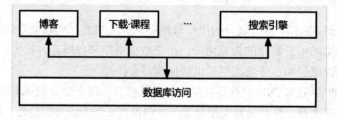

图 8-9　架构设计的垂直拆分

综上所述，无论是水平拆分还是垂直拆分，每一种拆分方式都有自身的优缺点，并且在实际开发中，分布式系统的每个功能模块难以分辨采用哪一种拆分方式，虽然拆分方式只有两种，但功能之间的组合方式是灵活多变的，而且系统功能越多，组合方式就越多，这印证了系统架构没有最好，适合自己就好。

8.5 微服务的功能拆分

4.5 节介绍了微服务架构常见的 6 种设计模式，本节将使用聚合器微服务设计模式搭建后端系统架构。分析第 2 章的示例项目得知，项目功能包含用户登录和产品信息，分别对应模型 User 和 Product，模型 User 存储用户信息，用于实现用户登录，模型 Product 存储产品信息，用于实现产品管理，因此我们将这两个模型划分为两个不同的微服务，其设计原理如图 8-10 所示。

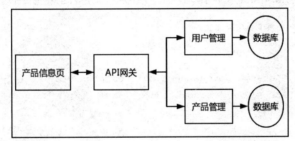

图 8-10 微服务设计模式

图 8-16 采用聚合器微服务设计模式，聚合器也称为 API 网关，这是统一管理和调度微服务的 API 接口，可以方便前端页面调用和后端管理。根据上述设计模式，我们在 E 盘分别创建项目 MyDjango_User 和 MyDjango_Index，分别实现用户登录和产品查询。

首先实现用户登录的微服务开发，在 MyDjango_User 中创建项目应用 user，并在项目应用 user 中创建 urls.py 文件。打开配置文件 settings.py 设置项目的功能配置，注释配置属性 TEMPLATES 和 STATIC_URL，然后简化 INSTALLED_APPS 和 MIDDLEWARE 的功能配置，代码如下：

```
# MyDjango_User 的 settings.py
INSTALLED_APPS = [
    # 'django.contrib.admin',
    'django.contrib.auth',
    'django.contrib.contenttypes',
    'django.contrib.sessions',
    # 'django.contrib.messages',
```

```
    # 'django.contrib.staticfiles',
    'user'
]


MIDDLEWARE = [
    # 'django.middleware.security.SecurityMiddleware',
    'django.contrib.sessions.middleware.SessionMiddleware',
    'django.middleware.common.CommonMiddleware',
    'django.middleware.csrf.CsrfViewMiddleware',
    'django.contrib.auth.middleware.AuthenticationMiddleware',
    # 'django.contrib.messages.middleware.MessageMiddleware',
    # 'django.middleware.clickjacking.XFrameOptionsMiddleware',
]
```

MyDjango_User 的 db.sqlite3 文件作为项目的数据库文件,因此项目的数据库连接方式如下:

```
# MyDjango_User 的 settings.py
DATABASES = {
    'default': {
        'ENGINE': 'django.db.backends.sqlite3',
        'NAME': BASE_DIR / 'db.sqlite3',
    }
}
```

完成 MyDjango_User 的功能搭建后,接着在 MyDjango_User 中开发用户登录功能,分别在 MyDjango_User 的 urls.py 和 user 的 urls.py 中定义 API 接口的路由 login,然后在 user 的 views.py 中定义视图函数 loginView,代码如下:

```
# MyDjango_User 的 urls.py
from django.urls import path, include
urlpatterns = [
    path('', include('user.urls')),
]


# user 的 urls.py
from django.urls import path
from .views import *
urlpatterns = [
    path('', loginView, name='login'),
]


# user 的 views.py
```

```
from django.http import JsonResponse
from .models import *
from django.contrib.auth.models import User
from django.contrib.auth import authenticate, login
from django.views.decorators.csrf import csrf_exempt


@csrf_exempt
def loginView(request):
    res = {'result': False}
    if request.method == 'POST':
        u = request.POST.get('username', '')
        p = request.POST.get('password', '')
        if User.objects.filter(username=u):
            user = authenticate(username=u, password=p)
            if user:
                if user.is_active:
                    login(request, user)
                    res['result'] = True
    return JsonResponse(res)
```

视图函数 loginView 根据请求参数 username 和 password 查询内置模型 User 的用户信息,并在数据库查询和校验用户信息,如果用户存在并校验成功,则返回{'result':True},否则返回{'result': False}。

最后在 PyCharm 的 Terminal 中执行 migrate 指令,在数据库中创建数据表 auth_user,并且使用 createsuperuser 指令分别创建超级管理员 admin 和 root。

我们继续在 MyDjango_Index 中实现产品查询的微服务开发,实现过程与 MyDjango_User 大致相同。在 MyDjango_Index 中创建项目应用 index,并在项目应用 index 中创建 urls.py 文件。打开配置文件 settings.py 注释配置属性 TEMPLATES、AUTH_PASSWORD_VALIDATORS 和 STATIC_URL,同时简化 INSTALLED_APPS 和 MIDDLEWARE 的功能配置,配置信息如下:

```
# MyDjango_Index 的 settings.py
INSTALLED_APPS = [
    # 'django.contrib.admin',
    # 'django.contrib.auth',
    'django.contrib.contenttypes',
    # 'django.contrib.sessions',
    # 'django.contrib.messages',
    # 'django.contrib.staticfiles',
    'index',
```

```
    ]

MIDDLEWARE = [
    'django.middleware.security.SecurityMiddleware',
    # 'django.contrib.sessions.middleware.SessionMiddleware',
    'django.middleware.common.CommonMiddleware',
    'django.middleware.csrf.CsrfViewMiddleware',
    # 'django.contrib.auth.middleware.AuthenticationMiddleware',
    # 'django.contrib.messages.middleware.MessageMiddleware',
    # 'django.middleware.clickjacking.XFrameOptionsMiddleware',
]
```

将 MyDjango_Index 的 db.sqlite3 文件作为项目的数据库文件，数据库连接方式与 MyDjango_User 相同，此处不再重复讲述。下一步在项目应用 index 的 models.py 中定义模型 Product，定义过程如下：

```
# index 的 models.py
from django.db import models

STATUS = (
    (0, 0),
    (1, 1)
)

class Product(models.Model):
    id = models.AutoField(primary_key=True)
    name = models.CharField('名称', max_length=50)
    quantity = models.IntegerField('数量', default=1)
    kinds = models.CharField('类型', max_length=20)
    status = models.IntegerField('状态', choices=STATUS, default=1)
    remark = models.TextField('备注', null=True, blank=True)
    updated = models.DateField('更新时间', auto_now=True)
    created = models.DateField('创建时间', auto_now_add=True)

    def __str__(self):
        return self.name

    class Meta:
        verbose_name = '产品列表'
        verbose_name_plural = '产品列表'
```

然后分别在 MyDjango_Index 的 urls.py 和 index 的 urls.py 中定义 API 接口的路由 product，

并且在 index 的 views.py 中定义视图函数 productView，代码如下：

```python
# MyDjango_Index 的 urls.py
from django.urls import path, include
urlpatterns = [
    path('', include('index.urls'))
]

# index 的 urls.py
from django.urls import path
from .views import *
urlpatterns = [
    path('product.html', productView, name='product'),
]

# index 的 views.py
from django.http import JsonResponse
from .models import Product

def productView(request):
    if request.method == 'GET':
        q = request.GET.get('q', '')
        data = Product.objects.filter(status=1)
        if q:
            data = Product.objects.filter(name__icontains=q)
        result = []
        for i in data.all():
            value = {'name': i.name,
                    'quantity': i.quantity,
                    'kinds': i.kinds}
            result.append(value)
        return JsonResponse(result, safe=False)
```

视图函数 productView 从 HTTP 请求中获取请求参数 q，如果请求参数 q 的值不为空，就在模型 Product 中查询字段 name=q 的产品信息，否则查询模型 Product 所有的产品信息，并将查询结果转化为 JSON 格式作为 HTTP 请求的响应内容。

最后在 PyCharm 的 Terminal 中执行模型 Product 的数据迁移，在数据库中生成相应的数据表，并在数据表 index_product 中添加数据内容，如图 8-11 所示。

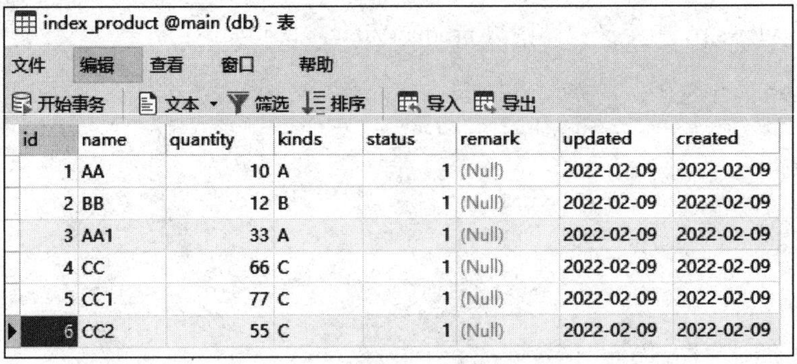

id	name	quantity	kinds	status	remark	updated	created
1	AA	10	A	1	(Null)	2022-02-09	2022-02-09
2	BB	12	B	1	(Null)	2022-02-09	2022-02-09
3	AA1	33	A	1	(Null)	2022-02-09	2022-02-09
4	CC	66	C	1	(Null)	2022-02-09	2022-02-09
5	CC1	77	C	1	(Null)	2022-02-09	2022-02-09
6	CC2	55	C	1	(Null)	2022-02-09	2022-02-09

图 8-11　数据表 index_product

综上所述，我们已完成用户登录和产品查询的微服务开发，实质上是把不同功能拆分为多个服务，通过服务的不同组合实现某个功能或应用程序。功能的拆分方式并非固定不变，一般遵从以下原则：

（1）单一职责，高内聚、低耦合。

（2）服务粒度适中。

（3）考虑团队结构。

（4）以业务模型切入。

（5）演进式拆分。

（6）避免环形依赖与双向依赖。

8.6　开发 API 网关

由于用户登录和产品查询接口可能不在同一台服务器部署或者使用不同端口运行，服务拆分越多，对于前端的 AJAX 异步请求越会造成不便，因此需要通过聚合器（API 网关）将所有服务接口统一输出和规范化。

我们在 E 盘创建项目 MyDjango_Api，然后在 MyDjango_Api 中创建项目应用 Api，并且在项目应用 Api 中创建 urls.py 文件。打开 MyDjango_Api 的配置文件 settings.py，注释大部分的配置属性，只保留基础的配置属性，整个文件的配置属性如下：

```
# MyDjango_Api 的 settings.py
from pathlib import Path
BASE_DIR = Path(__file__).resolve().parent.parent
```

```
SECRET_KEY='-jpzu6!fogvoiz9(=iys+9tg89ffe%pcdu008io_*u@m0lr$i&'
DEBUG = True
ALLOWED_HOSTS = []

INSTALLED_APPS = [
    'Api',
    'corsheaders',
]

MIDDLEWARE = [
    # 跨域访问
    'corsheaders.middleware.CorsMiddleware',
]

ROOT_URLCONF = 'MyDjango_Api.urls'
WSGI_APPLICATION = 'MyDjango_Api.wsgi.application'

CORS_ALLOW_CREDENTIALS = True
CORS_ORIGIN_ALLOW_ALL = True
CORS_ORIGIN_WHITELIST = ()
CORS_ALLOW_METHODS = (
    'DELETE',
    'GET',
    'OPTIONS',
    'PATCH',
    'POST',
    'PUT',
    'VIEW',
)
CORS_ALLOW_HEADERS = (
    'XMLHttpRequest',
    'X_FILENAME',
    'accept-encoding',
    'authorization',
    'content-type',
    'dnt',
    'origin',
    'user-agent',
    'x-csrftoken',
    'x-requested-with',
)
```

　　由于 API 网关需要接收前端的 AJAX 异步请求和管理调度微服务的 API 接口，因此项目的配置文件 settings.py 只添加了项目应用 Api 和第三方应用功能 Django-Cors-Headers。

　　下一步在 MyDjango_Api 的 urls.py 和 Api 的 urls.py 中定义路由 login 和 product，路由的视图函数分别为 loginView 和 productView，实现代码如下：

```python
# MyDjango_Api 的 urls.py
from django.urls import path, include
urlpatterns = [
    path('', include('Api.urls'))
]


# Api 的 urls.py
from django.urls import path
from .views import *
urlpatterns = [
    path('', loginView, name='login'),
    path('product.html', productView, name='product'),
]


# Api 的 views.py
from django.http import JsonResponse
# 第三方模块 requests，使用 pip install requests 安装即可
import requests
from django.http import JsonResponse
import requests

def loginView(request):
    result = {'result': False}
    if request.method == 'POST':
        url = f'http://127.0.0.1:8081/'
        username = request.POST.get('username', '')
        password = request.POST.get('password', '')
        data = {'username': username, 'password': password}
        user = requests.post(url, data=data)
        result = user.json()
    return JsonResponse(result, safe=False)

def productView(request):
    result = []
    if request.method == 'GET':
```

```
        q = request.GET.get('q', '')
        url = f'http://127.0.0.1:8082/product.html?q={q}'
        products = requests.get(url)
        result = products.json()
    return JsonResponse(result, safe=False)
```

视图函数 loginView 和 productView 分别对应用户登录和产品查询接口，具体说明如下：

（1）视图函数 loginView 接收到 POST 请求，从请求中获取请求参数 username 和 password 并赋值给变量 username 和 password，然后向用户登录接口发送 HTTP 请求，由变量 username 和 password 作为请求参数，最后将用户登录接口的响应内容返回给前端。

（2）视图函数 productView 接收到 GET 请求，从请求中获取请求参数 q 并赋值给变量 q，然后向产品查询接口发送 HTTP 请求，由变量 q 作为请求参数 q，最后将产品查询接口的响应内容返回给前端。

在实际开发中，API 网关接口开发并没有上述示例那么简单，因为接口的响应内容可能来自多个数据表或者由多个接口的响应内容组合而成。例如查询用户订单信息，在数据表结构中，订单表应该与用户表构成一对多关系，因此 API 网关接口需要从用户查询接口校验用户身份和获取用户信息，然后根据用户信息从订单查询接口筛选对应的订单数据。

综上所述，我们已经完成微服务架构设计的服务开发阶段，此外还包含微服务的测试、部署和运维监控阶段，每个阶段实现的功能如下：

（1）开发阶段是根据微服务架构设计模式进行功能拆分，将功能拆分成多个微服务，并且按统一规范设计每个微服务的 API 接口，每个 API 接口符合 RESTful 设计规范。如果服务之间部署不同的服务器，就需要考虑跨域访问。

（2）测试阶段用于验证各个服务之间的 API 接口的输入输出是否符合开发需求，还需要验证各个 API 接口之间的调用逻辑是否合理。

（3）部署阶段根据部署方案执行，部署方案需要考虑服务的重试机制、缓存机制、负载均衡和集群等部署方式。

（4）运维监控阶段需要对网站系统实时监控，监控内容包括日志收集、事故预警、故障定位和系统性能跟踪等，并且还要根据监测结果适当调整部署方式。

8.7　调试与运行

在前面的章节中，我们已完成 MyDjango_User、MyDjango_Index 和 MyDjango_Api 的开发，

分别对应用户登录、产品查询和 API 网关。从 MyDjango_Api 的视图函数 loginView 和 productView 看到，用户登录和产品查询的运行端口设为 8081 和 8082，可以在同一台计算机分别使用不同端口启动 MyDjango_User 和 MyDjango_Index。

我们分别打开两个命令提示符窗口，将命令提示符窗口的路径切换到 MyDjango_User 和 MyDjango_Index，然后依次输入 Django 的运行指令，如图 8-12 所示。

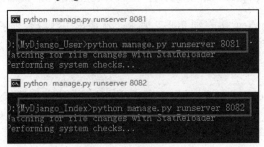

图 8-12　启动 MyDjango_User 和 MyDjango_Index

下一步在命令提示符窗口启动 API 网关，MyDjango_Api 的运行端口设为 8000，它必须与前端页面的 AJAX 异步请求的端口号一致。

API 网关启动后，再运行第 1 章的 Vue 项目，在浏览器打开用户登录页面，输入用户账号和密码并单击"登录"按钮，用户登录的 HTTP 请求过程如图 8-13 所示。

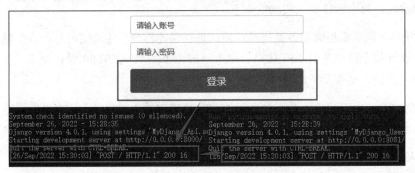

图 8-13　用户登录的 HTTP 请求过程

当登录成功后，进入产品查询页面，在文本框输入搜索内容并单击"查询"按钮，产品查询的 HTTP 请求过程如图 8-14 所示。

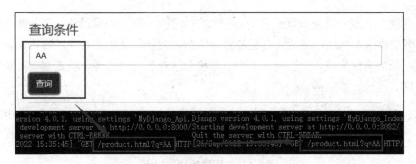

图 8-14　产品查询的 HTTP 请求过程

8.8　微服务注册与发现

服务注册与发现主要由微服务注册与发现的中间件实现，常见的中间件有 ZooKeeper、Etcd、Consul 和 Eureka。

服务注册是将自身服务信息注册到中间件，这部分服务信息包括服务所在主机的 IP 和提供服务的端口，以及暴露服务自身状态和访问协议等信息。

服务发现是从中间件获取服务实例的信息，通过这些信息发送 HTTP 请求并获取服务支持。

微服务注册与发现应部署在 API 网关与各个微服务之间，不仅能负责各个微服务的管理，而且为 API 网关提供统一的 API 接口。

微服务架构是将系统所有应用拆解成多个独立自治的服务，每个服务仅实现某个单一的功能，比如电商平台的订单系统，一张订单信息包含商品信息和用户信息，在创建订单的时候，商品信息和用户信息分别来自商品服务和用户服务，通过 API 接口为订单提供数据支持，从商品服务和用户服务获取商品信息和用户信息，完成订单的创建过程。

如果没有微服务的注册与发现，服务之间的数据通信只能在代码中实现。服务之间是通过 API 接口实现通信的，API 接口通常以主机 IP 和端口表示，当服务所在的服务器发生改变时，我们就要频繁改动代码中的 API 接口，并且每次改动都要重启服务，这样大大降低了系统的灵活性和扩展性。

每个服务应该可以随时开启和关闭，比如商品秒杀，它只在某个时间内才开放给用户使用，其余时间处于空闲状态。为了节省服务器成本，商品秒杀所在的服务器应该在开放时间内开启，其余时间应处于关闭状态，这样能减少服务器和网络带宽的成本开支。每次开启或关闭某个服务，我们必须使用微服务注册与发现，确保服务的开启或关闭不会影响系统运行，并且能灵活地为系统实现功能扩展。

微服务注册与发现还能帮助我们更好地管理每个服务。在大型网站中，服务都是以集群方式运行的，从而支撑整个网站，网站所有服务器可能数以百计甚至更多，为保障系统正常运行，必须有一个中心化的组件完成各个服务的整合，即将分散在各处的服务进行汇总，汇总信息可以是服务器的名称、地址、数量等。

微服务注册与发现的常用中间件有 ZooKeeper、Etcd、Consul 和 Eureka，每个中间件的功能对比如表 8-1 所示。

表8-1 中间件的功能对比

功 能	ZooKeeper	Etcd	Consul	Eureka
服务健康检查	长连接 Keepalive	连接心跳	服务状态 内存和硬盘等	支持
多数据中心	—	—	支持	—
KV 存储服务	支持	支持	支持	—
一致性	Paxos	Raft	Raft	—
CAP 定理	CP	CP	CP	AP
使用接口 （多语言能力）	客户端	HTTP GRPC	支持 HTTP 和 DNS	HTTP
Watch 支持	支持	支持 long polling	全量 支持 long polling	支持 long polling 大部分增量
自身监控	—	Metrics	Metrics	Metrics
安全	Acl	HTTPS	Acl/HTTPS	Acl

在上述指标中，CAP 定理又称 CAP 原则，它是形容分布式系统的一致性（Consistency）、可用性（Availability）和分区容错性（Partition Tolerance）的，这 3 个要素最多只能同时实现两点，不可能三者兼顾。

总的来说，系统的微服务架构是将系统各个功能划分为一个个独立的服务，并且这些服务部署在不同的服务器上，微服务注册与发现是将分散在各处的服务进行汇总和管理，但它不属于 API 网关，因为它不具备 API 网关业务接口的整理和组合功能。

8.9 Consul 的安装与接口

Consul 是 Google 开源的一个服务发现、配置管理中心服务的中间件，内置了服务注册与发现框架、分布一致性协议实现、健康检查、Key/Value 存储和多数据中心方案等功能。它是使用 Go 语言开发的，整个中间件以二进制文件运行，所以它能在 macOS、Linux 和 Windows 等系统上运行。

以 Windows 系统为例，打开 Consul 官方网站，根据操作系统下载相应的 Consul 版本，如图 8-15 所示。

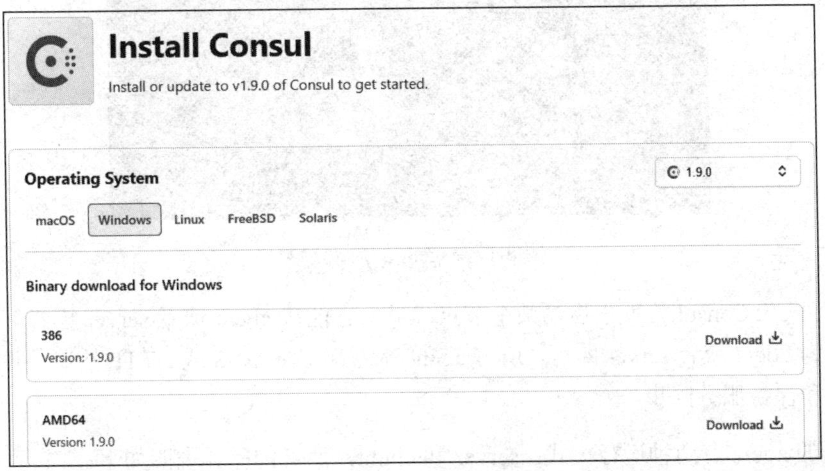

图 8-15　Consul 官方网站

在 Windows 系统中，Consul 是一个可执行的 EXE 文件，在启动 Consul 的时候，需要根据实际需求设置参数类型。打开 CMD 窗口，将 CMD 窗口当前路径切换到 Consul 所在的文件夹，输入 consul --help 并按回车键，CMD 窗口将显示 Consul 的所有功能，如图 8-16 所示。

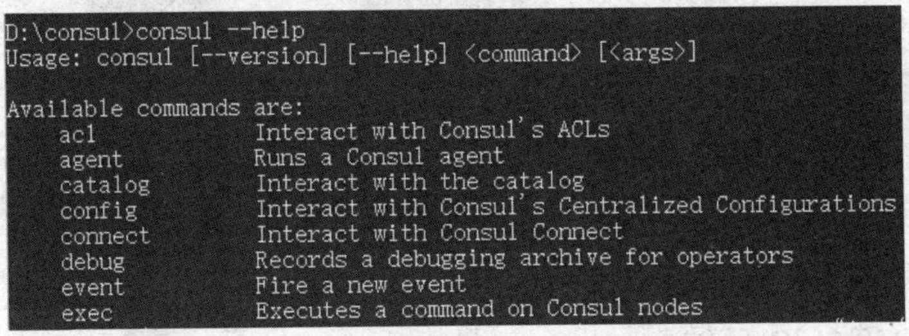

```
D:\consul>consul --help
Usage: consul [--version] [--help] <command> [<args>]

Available commands are:
    acl            Interact with Consul's ACLs
    agent          Runs a Consul agent
    catalog        Interact with the catalog
    config         Interact with Consul's Centralized Configurations
    connect        Interact with Consul Connect
    debug          Records a debugging archive for operators
    event          Fire a new event
    exec           Executes a command on Consul nodes
```

图 8-16　Consul 功能信息

Consul 的每个功能都有不同的启动参数，以 agent 为例，在 CMD 窗口下输入 consul agent --help 并按回车键，CMD 窗口将显示 agent 的启动参数，每个参数已有英文注释，本书不再讲述参数的具体作用，如图 8-17 所示。

```
D:\consul>consul agent --help
Usage: consul agent [options]

  Starts the Consul agent and runs until an interrupt is received. The
  agent represents a single node in a cluster.

HTTP API Options

  -datacenter=<value>
    Datacenter of the agent.

Command Options

  -advertise=<value>
    Sets the advertise address to use.

  -advertise-wan=<value>
    Sets address to advertise on WAN instead of -advertise address.
```

图 8-17   agent 的启动参数

agent 可以在 Consul 集群中启动某个节点成员，它能在 client 或者 server 模式下运行，只需指定节点作为 client 或者 server 即可，所有 agent 节点都支持 DNS 或 HTTP 接口，并负责运行时的心跳检查和保持服务同步。

Consul 的 agent 有两种运行模式：server 和 client，两者的差异说明如下：

（1）client 模式是客户端模式，这是 Consul 节点的一种模式，所有注册到当前节点的服务都会被转发到 server，数据不进行持久化保存。

（2）server 模式的功能与 client 一样，两者唯一的不同是，server 模式会把所有数据持久化，当遇到故障时，数据可以被保留。

我们在 Consul 官方网站中找到 Consul 架构图，如图 8-18 所示。

在 Consul 架构图中分别搭建了数据中心 DATACENTER1 和 DATACENTER2，并且数据中心以集群方式搭建，数据中心的 server 模式的 agent 节点数应在 1~5 较为合适，server 模式的 agent 节点数越多，Consul 的整体性能就越低。对于 client 模式的 agent 节点数没有限制，根据实际需求设置即可。

总的来说，使用 Consul 作为微服

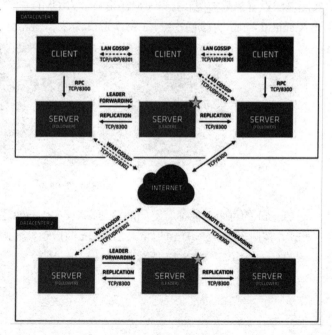

图 8-18   Consul 架构图

务注册与发现的中间件需要注意：

（1）一个系统的服务注册与发现通常以数据中心表示，数据中心以集群方式表示。

（2）数据中心可设置一个或一个以上的 agent 节点。

（3）数据中心至少有一个 server 模式的 agent 节点，client 模式的 agent 节点数没有限制。

如果系统处于开发阶段，那么可以使用 consul agent -dev 启动 Consul，如图 8-19 所示。

图 8-19　启动 Consul

从图 8-19 找到 Client Addr 属性，这是 Consul 提供的接口信息，打开浏览器并访问 http://127.0.0.1:8500/就能查看当前 Consul 的运行状态，如图 8-20 所示。

图 8-20　Consul 的运行状态

如果项目处于上线阶段，那么 Consul 需要启动上线模式，需要根据实际情况设置启动参数，常用的启动指令如下：

```
consul agent -server -ui -bootstrap-expect=1 -data-dir=D:\consul
-node=agent-one -advertise=192.168.10.213 -bind=0.0.0.0 -client=0.0.0.0
```

启动指令的参数说明如下。

（1）server：定义 agent 运行模式为 server，每个数据中心至少有一个 server，每个数据中心的 server 数量建议不要超过 5 个。

（2）ui：是否支持使用 Web 页面查看。

（3）bootstrap-expect：设置数据中心的 server 模式的节点数，如果设置了该参数，当 server 模式的节点数等于参数值时，Consul 才会引导整个数据中心，否则 Consul 处于等待状态。

（4）data-dir：指定 agent 存储状态的文件目录，对 server 模式的 agent 尤其重要，这是保存数据持久化的文件目录。

（5）node：设置 agent 节点在数据中心的名称，该名称必须是唯一的，也可以采用服务器 IP 命名。

（6）advertise：设置可使用的 IP 地址，通常代表本地 IP 地址，并且以 IP 地址格式表示，不能使用 localhost。

（7）bind：在数据中心内部的通信 IP 地址，数据中心的所有节点到 IP 地址必须是可达的，默认值是 0.0.0.0。

（8）client：绑定 client 模式的节点，提供 HTTP、DNS、RPC 等服务，默认值是 127.0.0.1。

在生产环境中，一般都会使用 ACL 加强安全性，Consul 的 ACL 通过 token 设置访问权限，关于 ACL 的配置建议读者自行查阅相关资料。

在 CMD 窗口执行上线模式指令启动 Consul 服务，执行结果如图 8-21 所示。

```
D:\consul>consul agent -server -ui -bootstrap-expect=1 -data-dir=D:\consul -node=agent-o
ne -advertise=192.168.10.213 -bind=0.0.0.0 -client=0.0.0.0
==> Starting Consul agent...
           Version: '1.9.0'
           Node ID: '7f3c7279-2d2c-fe69-c4ca-00bdf043fdc8'
         Node name: 'agent-one'
        Datacenter: 'dc1' (Segment: '<all>')
            Server: true (Bootstrap: true)
       Client Addr: [0.0.0.0] (HTTP: 8500, HTTPS: -1, gRPC: -1, DNS: 8600)
      Cluster Addr: 192.168.10.213 (LAN: 8301, WAN: 8302)
           Encrypt: Gossip: false, TLS-Outgoing: false, TLS-Incoming: false, Auto-Encryp
t-TLS: false
```

图 8-21 启动 Consul

8.10 Django 与 Consul 的交互

掌握了 Consul 的系统架构和使用方法之后，下一步将讲述如何在 Django 中使用 Consul 实现微服务注册与发现。

第一步是安装第三方功能模块 consulate 和 python-consul，它们通过 HTTP 方式操作 Consul。由于 consulate 在 2015 年停止了更新，python-consul 在 2018 年停止了更新，因此建议读者使用 python-consul 模块。

　　打开 CMD 窗口并输入 python-consul 的安装指令（pip install python-consul），等待指令执行完毕即可。

　　创建示例项目 MyDjango，然后创建项目应用 index 和 microservice 文件夹，并在 microservice 中创建 client.py、consulclient.py、startServer.py 和 startServer2.py 文件，目录结构如图 8-22 所示。

　　microservice 的 client.py、consulclient.py、startServer.py 和 startServer2.py 实现的功能说明如下。

　　（1）client.py：定义 HttpClient 类，从数据中心获取已注册的服务实例，得到服务实例的 API 接口后，再向 API 接口发送 HTTP 请求，获取服务的响应内容。

　　（2）consulclient.py：定义 ConsulClient 类，由 python-consul 模块实现 Consul 操作。

　　（3）startServer.py：定义 DjangoServer 类和 HttpServer 类。DjangoServer 是自定义 Django 的启动方式；HttpServer 使用 ConsulClient 的 register()方法将 Django 注册到数据中心，生成服务实例。

　　（4）startServer2.py：与 startServer.py 实现的功能相同，但两者运行的端口不同。

　　为了深刻理解项目架构设计，我们将 client.py、consulclient.py、startServer.py 和 startServer2.py 实现的功能使用流程图表示，如图 8-23 所示。

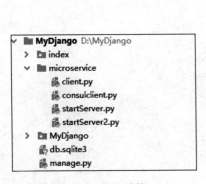

图 8-22　目录结构

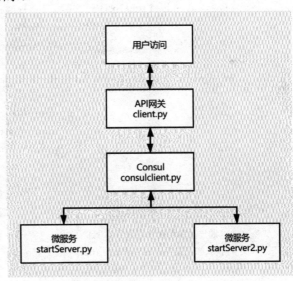

图 8-23　流程图

　　下一步打开 consulclient.py 文件，在该文件中定义 ConsulClient 类，代码如下：

```python
# microservice 的 consulclient.py
import consul
from random import randint
import requests
import json


class ConsulClient():
    '''定义 consul 操作类'''
    def __init__(self, host=None, port=None, token=None):
        '''初始化，指定 consul 主机、端口和 token'''
        self.host = host  # consul 主机
        self.port = port  # consul 端口
        self.token = token
        self.consul = consul.Consul(host=host, port=port)

    def register(self,name,service_id,address,port,tags,interval,url):
        # 设置检测模式：http 和 tcp
        # TCP 模式
        # check=consul.Check().tcp(self.host, self.port,
        # "5s", "30s", "30s")
        # HTTP 模式
        check = consul.Check().http(url, interval,
                            timeout=None,
                            deregister=None,
                            header=None)
        self.consul.agent.service.register(name,
                            service_id=service_id,
                            address=address,
                            port=port,
                            tags=tags,
                            interval=interval,
                            check=check)


    def getService(self, name):
        '''通过负载均衡获取服务实例'''
        # 获取相应服务下的 DataCenter
        url = 'http://' + self.host + ':' + str(self.port) +
                '/v1/catalog/service/' + name
        dataCenterResp = requests.get(url)
        if dataCenterResp.status_code != 200:
            raise Exception('can not connect to consul ')
```

```
listData = json.loads(dataCenterResp.text)
# 初始化 DataCenter
dcset = set()
for service in listData:
    dcset.add(service.get('Datacenter'))
# 服务列表初始化
serviceList = []
for dc in dcset:
    if self.token:
        url = f'http://{self.host}:{self.port}/v1/
        health/service/{name}?dc={dc}&token={self.token}'
    else:
        url = f'http://{self.host}:{self.port}/v1/
        health/service/{name}?dc={dc}&token='
    resp = requests.get(url)
    if resp.status_code != 200:
        raise Exception('can not connect to consul ')
    text = resp.text
    serviceListData = json.loads(text)
    for serv in serviceListData:
        status = serv.get('Checks')[1].get('Status')
        # 选取成功的节点
        if status == 'passing':
            address = serv.get('Service').get('Address')
            port = serv.get('Service').get('Port')
            serviceList.append({'port':port,'address':address})
if len(serviceList) == 0:
    raise Exception('no serveice can be used')
else:
    # 随机获取一个可用的服务实例
    print('当前服务列表：', serviceList)
    service = serviceList[randint(0, len(serviceList) - 1)]
    return service['address'], int(service['port'])
```

ConsulClient 类定义了初始化函数__init__()、实例方法 register()和 getService()，每个方法的说明如下：

（1）初始化函数__init__()将实例化参数 host、port 和 token 设为类属性，并将 python-consul 模块的 Consul 类实例化。

（2）实例方法 register()将 Django 注册到 Consul 的数据中心，生成服务实例，主要被 startServer.py

调用。

（3）实例方法 getService()从 Consul 数据中心获取服务实例，主要被 client.py 调用。如果同一个功能在数据中心有两个或两个以上的微服务，则使用随机函数 randint()选取某个服务实例，从而实现简单的负载均衡。

然后在 startServer.py 中定义 DjangoServer 和 HttpServer 类，代码如下：

```python
# microservice 的 startServer.py
from microservice.consulclient import ConsulClient
import os


class DjangoServer():
    '''自定义 Django 的启动方式'''
    def __init__(self, host, port):
        self.host = host
        self.port = port
        # appname 代表微服务的 API 地址
        self.appname = ['index', 'user']

    def run(self):
        os.environ.setdefault('DJANGO_SETTINGS_MODULE',
                        'MyDjango.settings')
        try:
            from django.core.management
                import execute_from_command_line
        except ImportError as exc:
            raise ImportError(
            "Couldn't import Django."
            "Are you sure it's installed and "
            "available on your PYTHONPATH"
            "environment variable? Did you "
            "forget to activate a virtual environment?"
            ) from exc
        filePath = os.getcwd() + '\\' + os.path.basename(__file__)
        hostAndPort = f'{self.host}:{self.port}'
        execute_from_command_line([filePath,'runserver',hostAndPort])

class HttpServer():
    '''定义服务注册与发现，将 Django 服务注册到 Consul 中'''
    def __init__(self,host,port,consulhost,consulport,appClass):
        self.port = port
```

```
        self.host = host
        self.app = appClass(host=host, port=port)
        self.appname = self.app.appname
        self.consulhost = consulhost
        self.consulport = consulport

    def startServer(self):
        client=ConsulClient(host=self.consulhost,port=self.consulport)
        # 注册服务, 将路由 index 和 user 依次注册
        for aps in self.appname:
            service_id = aps + self.host + ':' + str(self.port)
            url = f'http://{self.host}:{str(self.port)}/check'
            client.register(aps, service_id=service_id,
                            address=self.host,
                            port=self.port,
                            tags=['master'],
                            interval='30s', url=url)
        # 启动 Django
        self.app.run()

if __name__ == '__main__':
    server=HttpServer('127.0.0.1',8000,'127.0.0.1',8500,DjangoServer)
    server.startServer()
```

DjangoServer 类定义了初始化函数__init__()和实例方法 run(), 每个方法的功能说明如下:

(1) 初始化函数__init__()将实例化参数 host 和 port 设为类属性, 分别代表 Django 运行的 IP 地址和端口, 类属性 appname 代表 Django 的 API 接口名称, Consul 根据 API 接口名称找到对应的 API 地址。

(2) 实例方法 run()根据类属性 host 和 port 设置 Django 的启动方式。

HttpServer 类定义了初始化函数__init__()和实例方法 startServer(), 每个方法的功能说明如下:

(1) 初始化函数__init__()将实例化参数 host、port、consulhost、consulport 和 appClass 设为类属性。其中 host 和 port 是 Django 运行的 IP 地址和端口; appClass 代表 DjangoServer 类; consulhost 和 consulport 是 Consul 运行 agent 的 IP 地址和端口。

(2) 实例方法 startServer()将 Django 注册到 Consul 的数据中心, 首先实例化 ConsulClient 生成 client 对象, 然后由 client 调用 register()完成注册过程, 最后使用 DjangoServer 的实例化对象 app 调用 run()运行 Django。

在 startServer.py 程序入口（if __name__ == '__main__'）的代码中，将 HttpServer 类实例化生成 server 对象，调用实例方法 startServer()链接 Consul 的 agent 和启动 Django。Consul 的 agent 链接地址为 127.0.0.1:8500，Django 的运行 IP 地址和端口设为 127.0.0.1 和 8000。

打开 startServer2.py 文件，导入 startServer.py 所有代码，在 startServer2.py 程序入口（if __name__ == '__main__'）的代码中实例化 HttpServer 并调用实例方法 startServer()连接 Consul 的 agent 和启动 Django，代码如下：

```python
# microservice 的 startServer2.py
from microservice.startServer import *
if __name__ == '__main__':
    server=HttpServer('127.0.0.1',8001,'127.0.0.1',8500,DjangoServer)
    server.startServer()
```

最后打开 client.py 文件，在该文件中定义 HttpClient 类，定义过程如下：

```python
# microservice 的 client.py
from microservice.consulclient import ConsulClient
import requests


class HttpClient():
    '''
    从 Consul 获取服务的响应内容
    首先从数据中心获取已注册的服务实例，
    得到服务实例的 API 接口，
    再向 API 接口发送 HTTP 请求，获取服务的响应内容
    '''
    def __init__(self, consulhost, consulport, appname):
        self.appname = appname
        self.cc = ConsulClient(host=consulhost, port=consulport)

    def request(self):
        '''
        向 Consul 发送 HTTP 请求，获取服务实例
        再向服务实例发送 HTTP 请求，获取响应内容
        '''
        # 调用 getService()方法从数据中心随机获取服务实例
        host, port = self.cc.getService(self.appname)
        print('选中的服务实例为: ', host, port)
        # 向服务实例发送 HTTP 请求
        url = f'http://{host}:{port}/{self.appname}'
```

```
        scrapyMessage = requests.get(url).text
        print(scrapyMessage)

if __name__ == '__main__':
    client = HttpClient('127.0.0.1', '8500', 'index')
    client.request()
    client = HttpClient('127.0.0.1', '8500', 'user')
    client.request()
```

HttpClient 类定义了初始化函数__init__()和实例方法 request()，每个方法的功能说明如下：

（1）初始化函数__init__()将实例化参数 consulhost 和 consulport 传入 ConsulClient 类进行实例化，生成实例化对象 cc，实例化参数 appname 代表 Django 的 API 接口名称。

（2）实例方法 request()使用实例化对象 cc 调用 getService()，从 Consul 的数据中心获取符合类属性 appname 的服务实例，再根据服务实例的 IP 地址和端口构建 API 接口，向 API 接口发送 HTTP 请求，获取 API 接口的响应内容。

综上所述，我们在 Django 中完成了 Consul 的微服务注册与发现的功能开发，整个过程一共涉及 4 个文件：client.py、consulclient.py、startServer.py 和 startServer2.py，文件之间存在调用关系和参数传递，在阅读理解代码的时候，必须梳理清楚对象之间的调用关系和参数传递。

8.11　API 接口关联 Consul

为了更好地验证 Consul 的微服务注册与发现，我们在 MyDjango 中分别定义路由 check、index、user 以及相应的视图函数，代码如下：

```
# MyDjango 的 urls.py
from django.urls import path, include
urlpatterns = [
    path('', include('index.urls')),
]

# index 的 urls.py
from django.urls import path
from .views import *
urlpatterns = [
    path('check/', checkView, name='check'),
    path('index/', indexView, name='index'),
```

```
        path('user/', userView, name='user'),
]


# index 的 views.py
from django.http import HttpResponse


def checkView(request):
    return HttpResponse('success')


def indexView(request):
    return HttpResponse('This is Index')


def userView(request):
    return HttpResponse('This is User')
```

路由 check、index 和 user 在 startServer.py 文件中已被使用，详细说明如下：

（1）路由 check 在 HttpServer 的 startServer()方法中作为参数传入 ConsulClient 的 register()，主要实现 Consul 的心跳检测，确保服务处于活跃状态，如图 8-24 所示。

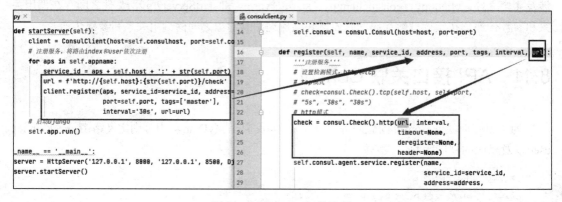

图 8-24   路由 check 的应用

（2）路由 index 和 user 作为 DjangoServer 的类属性 appname，初次应用在 HttpServer 的 startServer()中，然后以参数形式传入 ConsulClient 的 register()，如图 8-25 所示。

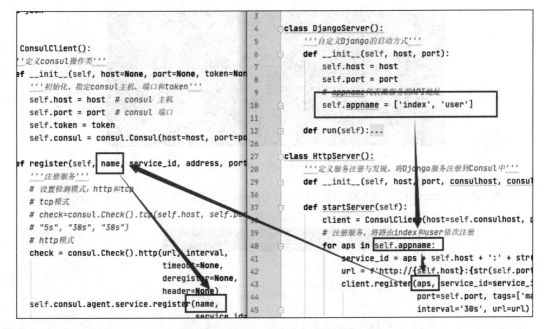

图 8-25　路由 index 和 user 的应用

在运行 MyDjango 之前，我们需要提前启动 Consul 服务，打开 CMD 窗口并将当前路径切换到 consul.exe 的文件路径，然后输入以下指令启动 Consul：

```
consul agent -server -ui -bootstrap-expect=1 -data-dir=D:\consul
-node=agent-one -advertise=192.168.10.213 -bind=0.0.0.0 -client=0.0.0.0
```

下一步使用 Python 指令分别运行 startServer.py 和 startServer2.py 文件，这两个文件分别启动两个 Django 服务，并把服务注册到 Consul 的数据中心，在文件的运行窗口可以看到 Consul 的心跳检测信息，如图 8-26 所示。

```
erver at http://127.0.0.1:8000/
TRL-BREAK.
 "GET /check HTTP/1.1" 301 0
 "GET /check/ HTTP/1.1" 200 7
 "GET /check HTTP/1.1" 301 0
 "GET /check/ HTTP/1.1" 200 7
 "GET /check HTTP/1.1" 301 0
```

图 8-26　Consul 的心跳检测信息 1

在 Consul 服务的运行窗口也能看到两个 Django 服务的心跳检测信息，如图 8-27 所示。

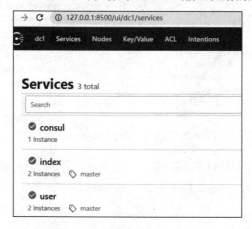

图 8-27　Consul 的心跳检测信息 2

在浏览器打开 http://127.0.0.1:8500/，可以看到 Consul 当前已注册的服务实例，如图 8-28 所示。

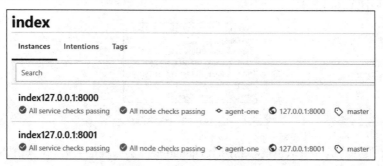

图 8-28　Consul 的服务实例

从图 8-28 看到，Consul 的数据中心已注册了两个服务，分别为 index 和 user，每个服务有两个服务实例，比如单击 index 就能看到每个服务实例的详细信息，如图 8-29 所示。

图 8-29　服务实例的详细信息

停止运行 startServer2.py 文件后，Consul 的心跳检测就无法检测 startServer2.py 的 Django 服

务，说明当前服务已终止，它自动停止数据中心对应的服务实例，如图 8-30 所示。

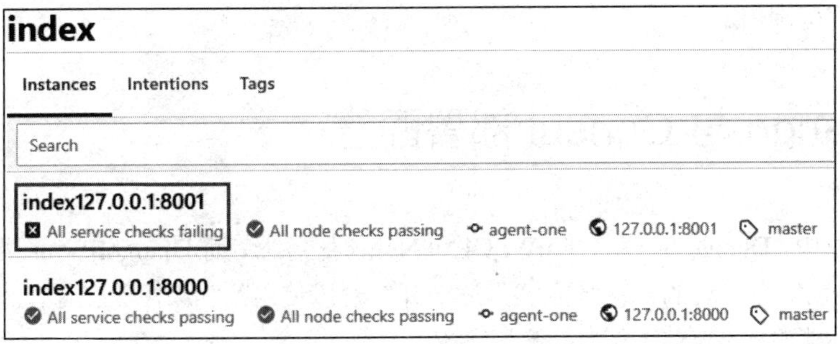

图 8-30　Consul 的服务实例

再次运行 startServer2.py 文件，startServer2.py 的 HttpServer 类将 Django 的 API 接口注册到 Consul 的数据中心，然后启动 Django 服务。Consul 的数据中心获取注册信息后就对 Django 发送心跳检测，确保当前服务能正常运行。

8.12 Consul 的负载均衡

当服务成功运行后，我们使用 Python 指令运行 client.py 文件，该文件主要作用于 API 网关，只要收到用户发送的 HTTP 请求，API 网关就根据业务逻辑向 Consul 的数据中心发送 HTTP 请求，从 Consul 的数据中心获取服务实例，再向服务实例发送 HTTP 请求，对服务实例的响应内容进行加工处理，最后将处理结果返回给用户，从而完成整个响应过程。

client.py 文件中定义了 HttpClient 类，通过实例化 ConsulClient 类生成实例化对象 cc，该对象用于实现 Consul 的连接过程，再由实例化对象 cc 调用实例方法 getService()向 Consul 的数据中心获取服务实例的 IP 地址和端口，最后向服务实例的 IP 地址和端口发送 HTTP 请求，获取微服务的响应内容。

实例方法 getService()使用随机函数 randint()选取某个服务实例，从而实现简单的负载均衡。

在 PyCharm 中运行 client.py 文件，查看 Run 窗口的运行信息，如图 8-31 所示。

```
当前服务列表： [{'port': 8000, 'address': '127.0.0.1'},
选中的服务实例为： 127.0.0.1 8001
This is Index
当前服务列表： [{'port': 8000, 'address': '127.0.0.1'},
选中的服务实例为： 127.0.0.1 8000
This is User
```

图 8-31　运行信息

在实际开发中，应根据业务场景和开发需求设置合理的负载均衡策略，确保每个服务实例的负载数量在合理范围内。

8.13 Django 与 Consul 部署配置

在实际开发中，Django 应部署在 uWSGI 和 Nginx 服务器，而 DjangoServer 类的 run()方法是使用 Django 内置指令启动的，这种方式只适合开发阶段使用，如果项目处于上线阶段，应去掉 run()方法，使其能对接 uWSGI 和 Nginx 服务器。

我们在 microservice 文件夹仅保留 client.py、consulclient.py 和 startServer.py 文件，并且打开 startServer.py 重新编写以下代码：

```python
# startServer.py
from .consulclient import ConsulClient

class HttpServer():
    '''定义服务注册与发现，将 Django 服务注册到 Consul 中'''
    def __init__(self, host, port, consulhost, consulport):
        self.port = port
        self.host = host
        self.appname = ['index', 'user']
        self.consulhost = consulhost
        self.consulport = consulport

    def startServer(self):
        client=ConsulClient(host=self.consulhost,port=self.consulport)
        # 注册服务，将路由 index 和 user 依次注册
        for aps in self.appname:
            service_id = aps + self.host + ':' + str(self.port)
            url = f'http://{self.host}:{str(self.port)}/check'
            client.register(aps,
                        service_id=service_id,
                        address=self.host,
                        port=self.port,
                        tags=['master'],
                        interval='30s',
                        url=url)
```

分析上述代码得知：

（1）删除原有 startServer.py 定义的 DjangoServer 类。

（2）将 HttpServer 类的 appname 属性设为['index','user']。

（3）原有的 HttpServer 类负责 Django 与 Consul 的通信连接和启动 Django 服务，现在只保留 Django 与 Consul 的通信连接功能。

由于 Django 上线部署是通过 wsgi.py 文件和 uWSGI 服务器实现通信连接的，并且 Django 与 Consul 在 startServer.py 中定义了通信连接类 HttpServer，因此在启动 Django 的时候还需要实例化通信连接类 HttpServer。wsgi.py 的代码如下：

```
# wsgi.py
import os
from django.core.wsgi import get_wsgi_application
from microservice.startServer import HttpServer
# 实现 Django 与 Consul 的数据通信，127.0.0.1:8000 是 Nginx 对外访问 IP 地址
server = HttpServer('127.0.0.1', 8000, '127.0.0.1', 8500)
server.startServer()
os.environ.setdefault('DJANGO_SETTINGS_MODULE', 'MyDjango.settings')
application = get_wsgi_application()
```

在 wsgi.py 中实例化 HttpServer 类，参数分别设置 Consul 所在服务器的 IP 地址+端口和 Django 部署 Nginx 对外访问的 IP 地址+端口。当 uWSGI 服务器启动时，uWSGI 通过 wsgi.py 分别启动 Django 与 Consul 的通信连接和 Django 与 uWSGI 服务器的通信连接，其通信方式如图 8-32 所示。

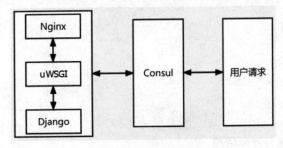

图 8-32　通信方式

综上所述，Django 与 Consul 部署配置和 8.10 节的示例项目略有不同，8.10 节通过 startServer.py 和 startServer2.py 文件启动多个 Django 服务连接 Consul，而本节在 wsgi.py 中只启动单个 Django 服务连接 Consul，因为项目部署通常是针对单个服务进行的，如需部署多个服务，则需要重复部署，并且每个服务的访问端口不能存在冲突。

8.14 本 章 小 结

集群架构是将同一套应用程序部署在多台服务器，通过负载均衡策略将用户访问分流到多台服务器共同完成。在不考虑分布式架构的前提下，后端集群架构主要分为两部分：后端应用和数据库。

在后端应用的集群部署过程中需要注意以下几点：

（1）每个后端应用的运行端口和文件路径的配置。如果多个后端应用部署在同一台服务器，它们的运行端口不能相同，否则会出现端口冲突；如果每个应用的文件路径存在不同，那么要保证配置文件相关路径配置正确。

（2）如果 Nginx、后端应用和数据库部署均不在同一台服务器上，那么三者之间的数据通信应该采用公网访问形式或者使用 Kubernetes 搭建容器跨主机通信。

分布式系统无论是水平拆分还是垂直拆分，每一种拆分方式都有自身的优缺点，并且在实际开发中，分布式系统的每个功能模块难以分辨采用哪一种拆分方式，虽然拆分方式只有两种，但功能之间的组合方式灵活多变，而且系统功能越多，组合方式就越多，这印证了系统架构没有最好，适合自己就好。

微服务的功能拆分方式并非固定不变，一般遵从以下原则：

（1）单一职责，高内聚、低耦合。

（2）服务粒度适中。

（3）考虑团队结构。

（4）以业务模型切入。

（5）演进式拆分。

（6）避免环形依赖与双向依赖。

微服务注册与发现应部署在 API 网关与各个微服务之间，不仅能负责各个微服务的管理，而且可以为 API 网关提供统一的 API 接口。

如果没有微服务的注册与发现，那么服务之间的数据通信只能在代码中实现。服务之间是通过 API 接口实现通信的，API 接口通常以主机 IP 和端口表示，当服务所在的服务器发生改变的，我们就要频繁改动代码中的 API 接口，并且每次改动都要重启服务，这样大大降低了系统的灵活性和扩展性。

第 9 章

数据库架构设计

在系统设计中一定绕不开数据库，大型系统涉及的数据库核心要点有数据库集群方案、集群部署、数据同步、分库分表、读写分离等，本章将对这些要点分别进行阐述，以使读者能够对大型系统数据库设计了然于心。

本章学习内容：

- 数据库集群方案
- 一主多从集群结构
- 多主集群结构
- 数据库分布式技术
- 分库分表实施方案
- 读写分离的程序设计
- 分库程序设计
- 分表程序设计
- MySQL 内置分表与设计

9.1　数据库集群方案

数据库集群模式不同于前后端应用程序集群，主要原因在于数据库必须考虑数据同步问题。同一个数据库可以在不同服务器或容器中部署，在部署过程中必须实现各个数据库之间的数据同步功能，当某个数据库的数据发生变化时，其他数据库的数据也能同步更新。

数据库集群模式主要分为一主多从结构、多主多从结构、双主多从结构和多主结构等，每种模式都有不同的实现方案。有些集群方案内置在数据库本身，有些以数据库中间件形式表示，接下来以 MySQL 为例说明常见的集群方案。

MySQL 官方给出了 4 种集群方案：MySQL Replication、MySQL Fabric、MySQL InnoDB Cluster 和 MySQL Cluster，每种方案的优劣说明如下。

1. MySQL Replication

MySQL Replication 用于实现一主多从结构，其实现原理是通过二进制日志 binlog 实现主库数据的异步复制，即主库执行的 SQL 语句都会在从库重新执行一遍，从而达到主从数据同步的效果。

在主从数据同步的过程中，主库数据的写入操作会保存在二进制日志文件 binlog 中并通知从库。当从库收到请求通知后，它会读取主库的二进制日志文件 binlog 并写入自身的中继日志 relaylog，然后从库的 sql 线程读取 relaylog 并解析执行对应的 SQL 语句，最终达到主从的数据同步，详细原理如图 9-1 所示。

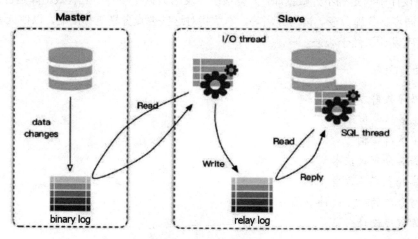

图 9-1   主从复制原理图

MySQL Replication 主要实现数据的多点备份，不具备故障自动转移和负载均衡功能，它的优劣势说明如下：

- 为后端应用提供读写分离功能，后端应用需要连接多个数据库，数据写入操作指定主库完成，数据读取可以在从库中获取。
- 部署配置较为简单，并且数据被删除后，也可以通过二进制日志文件 binlog 恢复。
- 主从复制过程需要一定时间完成，因此数据同步存在滞后，如果主从服务器也存在网络延迟，就会加大数据同步的滞后时间。

- 当主库出现异常的时候，无法为后端应用提供数据写入操作。

2. MySQL Fabric

MySQL Fabric 在 MySQL Replication 的基础上增加了故障检测与转移、自动数据分片功能。但依然还是一主多从的结构，当主库出现异常之后，它会在所有从库中选择一个担任主库。

MySQL Fabric 虽然是 MySQL 官方提供的集群方案，但它并没有内置在 MySQL 数据库里面，若要使用，则需要从 MySQL 官方网站下载组件安装在服务器。

3. MySQL InnoDB Cluster

MySQL InnoDB Cluster 是利用 MySQL Group Replication 和 MySQL Router 搭建的高可用集群方案。MySQL Router 是 MySQL 的一款轻量级的高性能中间件，介于后端应用程序和 MySQL 服务器之间，主要将数据读写操作转发给对应的 MySQL 服务器处理，从而实现数据库的负载均衡；MySQL Group Replication（MGR）用于搭建数据库集群，为每个数据库节点实现数据同步功能。

MySQL Group Replication 内置在 MySQL 的 5.7.17 以上版本中；MySQL Router 则需要从 MySQL 官方网站下载安装。

4. MySQL Cluster

MySQL Cluster 是结合线性可扩展、高可用，提供跨分区、分布式数据事务、内存实时访问的分布式数据库，这是最常用的数据库集群方案之一，它采用多主多从结构，在高可用、可伸缩性、负载均衡等方面都比 MySQL Replication 和 MySQL Fabric 更具优势，但相比之下，它的架构模式较为复杂，并且只能使用 NDB 存储引擎，与平常使用的 InnoDB 引擎存在一定差异。

MySQL Cluster 与 MySQL Fabric 一样，在使用时需要从 MySQL 官方网站下载组件进行安装，并且 MySQL 有完整的官方文档教程。

除此之外，第三方组件也能实现 MySQL 集群，例如 MMM、MHA 和 Galera Cluster 等，详细说明如下：

（1）MMM（Master Replication Manager for MySQL）是在 MySQL Replication 的基础上进行优化的，它是 Google 的开源项目，采用双主多从结构，由 Perl 对 MySQL Replication 实现功能扩展，提供一套支持双主故障切换和双主日常管理的脚本程序，用于监控 MySQL 的主主复制并实现失败转移。

虽然 MMM 是双主节点（双主复制），但同一时刻只允许对一台主库进行写入，另一台备选主库提供部分读服务。

（2）MHA（Master High Availability）也是在 MySQL Replication 的基础上进行优化的，它是日本 DeNA 公司的日籍工程师 youshimaton 开发的，采用多主多从结构，但缺少 VIP（虚拟 IP），需要配合 Keepalived 一起使用（Keepalived 通过 ICMP 向服务器集群的每一个节点发送一个 ICMP 数据包，与 Ping 的功能有点类似，如果某个节点没有返回响应数据包，那么认为该节点发生故障）。

MHA 搭建最少需要三台数据库服务器，一主二从，即一台充当主库，一台充当备用主库，另一台充当从库。

（3）Galera Cluster 是 Codership 开发的多主结构集群，多个节点的数据相互备份，并且数据采用同步复制，而 MySQL 的 MySQL Replication 采用异步复制。同步复制能强制保证多个节点数据的一致性，每个节点都能充当主库角色，单独提供读写操作，即使某个节点出现故障，也不会影响其他节点运行，也无须进行故障切换操作。

同步复制虽然能保证数据的一致性，但是是以牺牲性能为代价的，因此对服务器的硬件、网络要求相对较高。

综上所述，大多数 MySQL 集群方案都是在 MySQL Replication 的基础上进行优化的，因此笔者认为掌握 MySQL Replication 是架构师入门的基础知识之一。

9.2   一主多从集群结构

MySQL Replication 是所有 MySQL 集群最简单的部署方案，也是数据库集群的入门基础知识，本节将讲述如何在一台服务器中使用 Docker 搭建 MySQL Replication 的一主多从集群结构。

我们在 E 盘创建文件夹 mysql，进入 mysql 创建文件夹 mysql10、mysql11 和配置文件 docker-compose.yml，目录结构如图 9-2 所示。

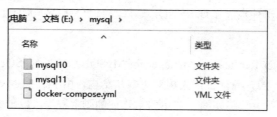

图 9-2   目录结构

下一步分别进入文件夹 mysql10（主库）和 mysql11（从库），在这两个文件夹中分别创建文件夹 conf 和 init，并分别在 conf 和 init 中创建文件 mysql.cnf 和 init.sql，目录结构如图 9-3 所示。

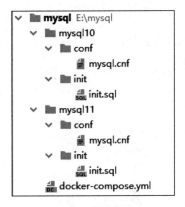

图 9-3　目录结构

文件夹 mysql10 用于搭建主库，打开 mysql10\conf\ mysql.cnf 文件，写入主库的配置信息，代码如下：

```
[mysqld]
pid-file=/var/run/mysqld/mysqld.pid
socket=/var/run/mysqld/mysqld.sock
datadir=/var/lib/mysql
secure-file-priv= NULL
# 开启二进制日志，属性值 mysql-bin 是日志的基本名或前缀名
log-bin=mysql-bin
# server-id 可随便设置，但必须保证是唯一的
# 数值为 1~2³²-1 的一个正整数
server-id=1
```

然后打开 mysql10\init\ init.sql，修改 root 用户为允许远程访问和用户密码认证，修改语句如下：

```
alter user 'root'@'%' identified with
mysql_native_password by 'QAZwsx1234!';
```

按照上述操作，在 mysql11\conf\mysql.cnf 和 mysql11\init\ init.sql 文件中编写从库的配置信息，详细配置代码如下：

```
# mysql.cnf
[mysqld]
pid-file=/var/run/mysqld/mysqld.pid
socket=/var/run/mysqld/mysqld.sock
datadir=/var/lib/mysql
```

```
secure-file-priv= NULL
# 开启二进制日志，属性值 mysql-bin 是日志的基本名或前缀名
log-bin=mysql-bin
# server-id 可随便设置，但必须保证是唯一
# 数值为 1~2^32-1 的一个正整数
server-id=2

# init.sql
alter user 'root'@'%' identified with
mysql_native_password by 'QAZwsx1234!';
CHANGE MASTER TO
MASTER_HOST = '159.75.213.241',
MASTER_PORT = 3306,
MASTER_USER = 'root',
MASTER_PASSWORD = 'QAZwsx1234!';
START SLAVE;
```

通过对比主库和从库的配置代码发现：

（1）配置文件 mysql.cnf 只有配置属性 server-id 不同，其他配置一一相同。

（2）配置文件 init.sql 修改 root 用户为允许远程访问和用户密码认证，并且从库还执行 CHANGE MASTER 和 START SLAVE 语句，这时从库监听主库的二进制日志 binlog，当主库的二进制日志 binlog 发生变更时，从库的数据也会随之变化。

（3）CHANGE MASTER 语句的 MASTER_HOST 只能用主库的公网地址，因为每个数据库节点是在一个容器中运行的，每个容器之间无法通过 127.0.0.1（localhost）通信，如果在 docker-compose.yml 中自定义网络，那么使用容器名称也无法实现通信。

（4）由于主库和从库通过公网 IP+端口形式进行通信，因此云服务器的安全组必须开放对应访问端口，否则会导致搭建失败。

下一步打开文件夹 mysql 的 docker-compose.yml，分别定义容器 db10 和 db11，对应文件夹 mysql10（主库）和 mysql11（从库），详细配置代码如下：

```
version: "3.8"

services:
  db10:
    # 拉取最新的 MySQL 镜像
    image: mysql:latest
    # 设置端口
```

```
    ports:
      - "3306:3306"
    environment:
      # 数据库密码
      - MYSQL_ROOT_PASSWORD=QAZwsx1234!
    # 设置挂载目录
    volumes:
      - /home/mysql/mysql10/conf:/etc/mysql/conf.d
      - /home/mysql/mysql10/data:/var/lib/mysql
      - /home/mysql/mysql10/init:/docker-entrypoint-initdb.d/
    # 容器运行发生错误时一直重启
    restart: always

  db11:
    # 拉取最新的 MySQL 镜像
    image: mysql:latest
    # 设置端口
    ports:
      - "3307:3306"
    environment:
      # 数据库密码
      - MYSQL_ROOT_PASSWORD=QAZwsx1234!
    # 设置挂载目录
    volumes:
      - /home/mysql/mysql11/conf:/etc/mysql/conf.d
      - /home/mysql/mysql11/data:/var/lib/mysql
      - /home/mysql/mysql11/init:/docker-entrypoint-initdb.d/
    # 容器运行发生错误时一直重启
    restart: always
    # 设置容器启动的先后顺序
    depends_on:
      - db10
```

从上述配置信息得知：

（1）db10（主库）的 volumes 挂载目录都是来自文件夹 mysql10，db11（从库）的 volumes 挂载目录都是来自文件夹 mysql11。

（2）db10（主库）对外访问端口为 3306，db11（从库）对外访问端口为 3307。

（3）db11（从库）必须设置 depends_on，等待 db10（主库）启动后才能运行，确保从库配置文件 init.sql 的 CHANGE MASTER 语句能正常执行。

最后将整个 mysql 文件夹复制并粘贴到 CentOS 的 home 目录里面，再通过 SecureCRT 等软件远程连接服务器，将当前路径切换到 mysql 文件夹并执行 docker compose up -d 指令启动容器，详细指令如下：

```
[root@VM-0-8-centos /]# cd home/
[root@VM-0-8-centos home]# cd mysql/
[root@VM-0-8-centos mysql]# docker compose up -d
```

当容器成功启动之后，可以通过 docker ps -a 查看容器的运行状态，如图 9-4 所示。

```
[root@VM-0-8-centos mysql]# docker compose up -d
[+] Running 2/2
 ⯀ Container mysql-db10-1  Started
 ⯀ Container mysql-db11-1  Started
[root@VM-0-8-centos mysql]# docker ps -a
CONTAINER ID   IMAGE          COMMAND
1ac74018c7bc   mysql:latest   "docker-entrypoint.s…"
41cb90e73de2   mysql:latest   "docker-entrypoint.s…"
[root@VM-0-8-centos mysql]#
```

图 9-4　查看容器的运行状态

如果在配置过程出现异常，可以通过 Docker 指令查看日志记录，大部分配置失败都是 IP 地址、端口、用户名或密码认证错误导致的，具体原因需要结合 Docker 日志记录进行分析，查看日志指令如下：

```
# db10 是容器名称
docker logs db10 -f
```

我们使用 Navicat Premium 连接访问从库，并执行 SHOW SLAVE STATUS 语句，在查询结果中找到 Slave_IO_Running 和 Slave_SQL_Running，如果两个字段的值皆为 Yes，则说明配置成功，如图 9-5 所示。

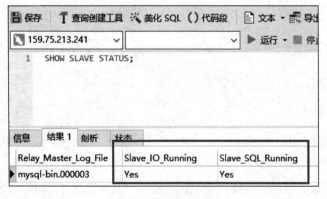

图 9-5　查看从库配置

通过 Navicat Premium 连接访问主库，在主库里面执行创建数据库、创建数据表、增删改数据等操作，如果从库自动执行相同的操作，则说明一主多从集群搭建成功。

在主库执行 SHOW SLAVE STATUS 语句是没有查询结果的，这说明 MySQL Replication 的主从库判断标准是否执行了 CHANGE MASTER 和 START SLAVE 语句，如果执行了，则作为从库，否则作为主库。

上述示例只讲述了如何搭建一主一从结构，一主多从结构只需在此基础上搭建多个相同的从库即可。

9.3　多主集群结构

MySQL Replication 除了实现一主多从结构之外，还可以实现多主结构，每个数据库节点既是主库又是从库，节点之间通过链式结构实现监听（主从）关系。例如数据库 A、B、C，三者之间的关系为：A 监听 B、B 监听 C、C 监听 A，关系结构如图 9-6 所示。

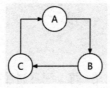

图 9-6　关系结构

从图 9-6 可以看到，当某个数据库节点的数据发生变化的时候，其他节点的数据也会随之变化，整个节点构成环形队列进行通信。

由于 MySQL Replication 通过异步方式实现数据同步，因此每个节点的数据更新会有不同的滞后时间。例如数据库 A 的数据发生变化，首先数据库 B 的数据随之变化，然后数据库 C 的数据随之变化，滞后时间是数据库 C 大于数据库 B，整个结构的数据变更时间是一级一级递增的。

虽然 MySQL Replication 多主结构的每个节点存在不同的滞后时间，但每个节点都支持读写操作，当某个节点出现异常时，也能保证数据库读写操作正常运行。

搭建 MySQL Replication 多主结构只需在一主多从的基础上增加相应配置即可，在 9.2 节的文件夹 mysql 中复制文件夹 mysql10 并命名为 mysql12，打开 mysql10\conf\ mysql.cnf 文件编写配置信息，详细代码如下：

```
[mysqld]
pid-file=/var/run/mysqld/mysqld.pid
socket=/var/run/mysqld/mysqld.sock
```

```
datadir=/var/lib/mysql
secure-file-priv= NULL
# 开启二进制日志，属性值 mysql-bin 是日志的基本名或前缀名
log-bin=mysql-bin
# server-id 可随便设置，但必须保证是唯一的
# 数值为 1~2³²-1 的一个正整数
server-id=1
# 自增偏移量
auto_increment_increment=1
# 自增起始值
auto_increment_offset=1
# 允许从库将主库的数据操作写入从库的二进制文件，默认情况下为禁止状态
log_slave_updates=1
# 设置禁止或允许备份的数据库
# replicate-do-db=test
# replicate-ignore-db=mysql,information_schema,performance_schema
# binlog 记录的数据库名称
# binlog-do-db=test
# binlog 不记录的数据库名称
# binlog-ignore-db=mysql
```

上述配置在一主多从结构也同样适用，每个配置属性在代码中皆有注释说明，这里就不再重复讲述了。然后分别在 mysql11\conf\ mysql.cnf 和 mysql12\conf\ mysql.cnf 中写入上述配置，并将配置属性 server-id 的值分别改为 2 和 3。

下一步分别打开每个文件夹的 init.sql 文件，依次编写对应的配置信息，配置代码如下：

```
# mysql10\init\init.sql
alter user 'root'@'%' identified with
mysql_native_password by 'QAZwsx1234!';
CHANGE MASTER TO
MASTER_HOST = '159.75.213.241',
MASTER_PORT = 3308,
MASTER_USER = 'root',
MASTER_PASSWORD = 'QAZwsx1234!';
START SLAVE;

# mysql11\init\init.sql
alter user 'root'@'%' identified with
mysql_native_password by 'QAZwsx1234!';
CHANGE MASTER TO
MASTER_HOST = '159.75.213.241',
```

```
MASTER_PORT = 3306,
MASTER_USER = 'root',
MASTER_PASSWORD = 'QAZwsx1234!';
START SLAVE;

# mysql12\init\init.sql
alter user 'root'@'%' identified with
mysql_native_password by 'QAZwsx1234!';
CHANGE MASTER TO
MASTER_HOST = '159.75.213.241',
MASTER_PORT = 3307,
MASTER_USER = 'root',
MASTER_PASSWORD = 'QAZwsx1234!';
START SLAVE;
```

从上述配置得知：

（1）所有配置属性只有 MASTER_PORT 不同，如果每个数据库节点部署在不同的服务器，那么 MASTER_HOST 也要填写相应的服务器公网 IP 地址。

（2）mysql10、mysql11、mysql12 的数据库访问端口分别为 3306、3307、3308。

（3）分析 MASTER_PORT 得知：mysql10（数据库 A）监听 mysql12（数据库 C），mysql11（数据库 B）监听 mysql10（数据库 A），mysql12（数据库 C）监听 mysql11（数据库 B），整个关系结构如图 9-6 所示。

最后打开文件夹 mysql 的 docker-compose.yml，分别定义容器 db10、db11 和 db12，对应文件夹 mysql10、mysql11 和 mysql12，详细配置代码如下：

```
version: "3.8"

services:
  db10:
    # 拉取最新的 MySQL 镜像
    image: mysql:latest
    # 设置端口
    ports:
      - "3306:3306"
    environment:
      # 数据库密码
      - MYSQL_ROOT_PASSWORD=QAZwsx1234!
    # 设置挂载目录
```

```yaml
    volumes:
      - /home/mysql/mysql10/conf:/etc/mysql/conf.d
      - /home/mysql/mysql10/data:/var/lib/mysql
      - /home/mysql/mysql10/init:/docker-entrypoint-initdb.d/
    # 容器运行发生错误时一直重启
    restart: always

db11:
    # 拉取最新的 MySQL 镜像
    image: mysql:latest
    # 设置端口
    ports:
      - "3307:3306"
    environment:
      # 数据库密码
      - MYSQL_ROOT_PASSWORD=QAZwsx1234!
    # 设置挂载目录
    volumes:
      - /home/mysql/mysql11/conf:/etc/mysql/conf.d
      - /home/mysql/mysql11/data:/var/lib/mysql
      - /home/mysql/mysql11/init:/docker-entrypoint-initdb.d/
    # 容器运行发生错误时一直重启
    restart: always
    # 设置容器启动的先后顺序
    depends_on:
      - db10

db12:
    # 拉取最新的 MySQL 镜像
    image: mysql:latest
    # 设置端口
    ports:
      - "3308:3306"
    environment:
      # 数据库密码
      - MYSQL_ROOT_PASSWORD=QAZwsx1234!
    # 设置挂载目录
    volumes:
      - /home/mysql/mysql12/conf:/etc/mysql/conf.d
      - /home/mysql/mysql12/data:/var/lib/mysql
      - /home/mysql/mysql12/init:/docker-entrypoint-initdb.d/
```

```
# 容器运行发生错误时一直重启
restart: always
# 设置容器启动的先后顺序
depends_on:
  - db11
```

我们将整个 mysql 文件夹复制并粘贴到 CentOS 的 home 目录里面，再通过 SecureCRT 等软件远程连接服务器，将当前路径切换到 mysql 文件夹并执行 docker compose up -d 指令启动容器，详细指令如下：

```
[root@VM-0-8-centos /]# cd home/
[root@VM-0-8-centos home]# cd mysql/
[root@VM-0-8-centos mysql]# docker compose up -d
```

当容器成功启动之后，可以通过 docker ps -a 查看容器的运行状态，如图 9-7 所示。

```
[root@VM-0-8-centos mysql]# docker compose up -d
[+] Running 3/3
 ⸬ Container mysql-db10-1  Started
 ⸬ Container mysql-db11-1  Started
 ⸬ Container mysql-db12-1  Started
[root@VM-0-8-centos mysql]# docker ps -a
CONTAINER ID    IMAGE          COMMAND
f84a1e0e29c2    mysql:latest   "docker-entrypoint.s.
43bf0659e7b4    mysql:latest   "docker-entrypoint.s.
444ee6627762    mysql:latest   "docker-entrypoint.s.
[root@VM-0-8-centos mysql]#
```

图 9-7　查看容器的运行状态

使用 Navicat Premium 依次连接访问 db10、db11 和 db12，并分别执行 SHOW SLAVE STATUS 语句查看每个数据库节点的监听（主从）关系，如图 9-8 所示。当我们在某个数据库节点执行创建数据库、创建数据表、增删改数据等操作时，其他数据库节点也会自动执行相同的操作，说明多主集群搭建成功。

图 9-8　监听（主从）关系

9.4   数据库分布式技术

在常规开发中，我们都会将同一类型的数据存储在同一张数据表里面，但随着系统业务激增，数据表的数据量就会超出数据库支持的容量，执行数据操作容易出现延时，使得系统负载过高，从而影响用户体验或导致系统宕机。

数据库分布式技术是我们常说的分库分表技术，用于对某个数据库的某张数据表进行分布式处理，这是对关系型数据库的数据存储和访问机制的一种补充。

分库是将数据库的多张数据表拆分到不同数据库，主要用于降低同一数据库访问不同数据表的压力；分表是将一张数据表拆分为多张数据表，主要用于降低数据表存储的数据量。分库分表可以采用水平拆分和垂直拆分，拆分思路如图 9-9 所示。

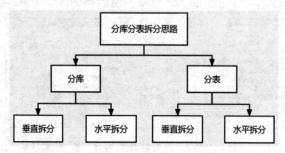

图 9-9   分库分表的拆分思路

1.   垂直分库

垂直分库（数据库垂直拆分）是将数据库的每张数据表部署在不同数据库。例如将电商网站的订单表、用户表、商品表分别部署在数据库 A、数据库 B、数据库 C，其数据库结构如图 9-10 所示。

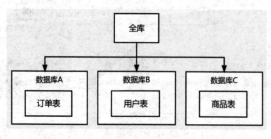

图 9-10   垂直分库

2. 水平分库

水平分库（数据库水平拆分）是将同一张数据表的部分数据分别存储在不同数据库。例如订单表有 100 万数据量，在数据库 A 和 B 分别存储 50 万数据，其数据库结构如图 9-11 所示。由于整张数据表的数据分布在不同数据库，因此数据读写建议采用相应的规则进行操作，如采用主键的奇偶性。

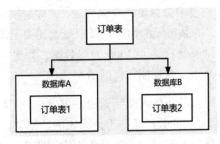

图 9-11　水平分库

3. 垂直分表

垂直分表（数据表垂直拆分）是将数据表的字段拆分在不同数据表。例如用户表有 20 个字段，垂直拆分后用户表 A 有 10 个字段，用户表 B 有 10 个字段，用户表 A 和 B 的数据合并之后等于整个用户表，其数据表结构如图 9-12 所示。

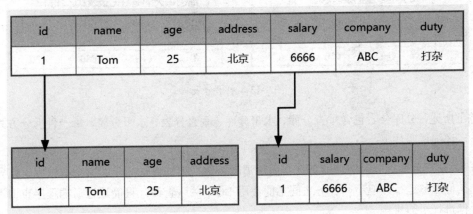

图 9-12　垂直分表

业界普遍认为数据表字段数量上限最好控制在 20~50，如果超出这个范围，那么数据表的读写操作可能会对系统造成一定负荷，因此对于多字段的数据表可以采用垂直分表处理，数据表之间通过主键或唯一字段实现关联。总的来说，垂直分表是将某张数据表拆分为两张数据表，并且这两张数据表构成一对一关系。

4. 水平分表

水平分表（数据表水平拆分）是将同一张数据表的部分数据分别存储在同一个数据库的不同数据表。如果拆分后的数据表存储在不同数据库，就实现了水平分库。总的来说，水平分库和水平分表都是拆分数据表的数据存储在多张数据表，如果多张数据表存储在同一个数据库，则为水平分表；如果多张数据表存储在不同数据库，则为水平分库。

水平分表的典型例子是解决暴增数据量的存储问题，例如解决商品每天销量的更新情况，假设商品表有 100 万行数据，那么商品每天的销量记录表每天需要记录 100 万行销量数据，按照一个月计算，商品每天的销量记录表就存储了 3000 万行数据，如果单张数据表存储这么庞大的数据量，当执行读写操作时，容易出现卡顿或宕机的情况。

若以天为单位，则每天 0 时自动新建商品当天的销量记录表（数据表名称采用日期表示）并将销量数据写入数据表，那么数据表的数据量等于商品表的数据量。如果要查询某天的销量情况，那么只需按照日期查询对应的数据表即可，其数据表结构如图 9-13 所示。

商品表

id	name	price
1	衣服	66
2	鞋子	666

商品每天的销量记录表20221111

id	name	price	sales
1	衣服	66	88
2	鞋子	666	67

商品每天的销量记录表20221112

id	name	price	sales
1	衣服	66	15
2	鞋子	666	20

图 9-13　水平分表

综上所述，分库分表包含垂直分库、水平分库、垂直分表、水平分表，每一种拆分方式各有优缺点，详细说明如下：

（1）垂直分库拆分后能使业务变得更加清晰，数据维护更加简单，某个数据库出现异常不会影响其他业务运行，但不同业务之间不能使用 SQL 关联查询，只能通过后端程序查询不同的业务数据进行组装拼接。

（2）水平分库可以减少数据库存储的数据量，减少系统负载，有助于提高性能，但不利于数据扩展，例如新增、修改或删除表字段，并且查询某张表的全部数据只能通过后端程序查询每个库的表数据进行组装拼接。

（3）垂直分表是拆分数据表的列数据，通过减少列数来降低单表的数据存储量，但是行数据太大会影响读写操作，查询全部数据需要分别查询多张表的数据进行数据组装拼接。

（4）水平分表是拆分数据表的行数据，通过减少行数来降低单表的数据存储量，拆分后的表结构相同，对于后端程序影响较小，它同时也具备水平分库的优缺点。

9.5　分库分表实施方案

我们知道分库分表的拆分思路之后，下一步就可以按照不同的拆分思路搭建相应的数据库架构，这是从理论到实践的过程。搭建数据库分布式架构目前有两种方式：数据库中间件和后端应用程序设计，分别说明如下：

（1）数据库中间件应用在数据库和后端应用程序之间，后端应用程序不再直接连接数据库，而是连接数据库中间件。数据库中间件连接数据库，整个分库分表过程以及数据查询等操作都在数据库中间件完成，后端应用程序通过数据库中间件读写数据即可。它对后端原有程序的影响较小，降低了技术成本和复杂度，但需要增加额外的硬件投入和运维成本。

（2）后端应用程序设计是直接连接数据库，并且分库分表以及数据查询等操作都由后端实现，它对后端原有程序的影响较大，增加了技术成本和复杂度，对开发人员和系统架构师的技能水平要求较高，但更符合业务需求，业务定制性较强。

引入数据库中间件必须考虑适用性和社区生态。适用性包括官方文档教程、硬件配置要求、功能配置以及二次开发等问题；社区生态活跃程度取决于数据库中间件的生命周期，如果长期缺乏维护更新，那么可以直接淘汰，毕竟技术在不断进步，停滞不前只会被淘汰。

目前常见的数据库中间件有 MySQL Fabric、Atlas、MyCat 和 Vitess，每个中间件说明如下：

（1）MySQL Fabric 在 9.1 节已有提及，它不仅能搭建数据库集群，还能实现数据库的分库分表功能。分库分表在 MySQL Fabric 中称为数据分片功能，其本质是利用 MySQL 的分区功能将数据分配到各个独立的数据分片区，并且指引每个客户端寻找相应的数据分片区进行数据操作，这样可以不断扩展表容量，适应大数据的需求。

（2）Atlas 是奇虎 360 研发的数据库中间件，它在 MySQL 官方的 MySQL-Proxy 0.8.2 版本基础上进行优化并添加了许多功能特性。该项目在奇虎 360 内部得到了广泛应用，很多 MySQL 业务已经接入了 Atlas 平台，每天承载的读写请求数达几十亿条。同时，有超过 50 家公司在生产环境中部署了 Atlas，超过 800 人已加入了开发者交流群。

Atlas 的主要功能包括读写分离、从库负载均衡、IP 过滤、自动分表、自动摘除宕机的数据库、数据库平滑上下线。但遗憾的是，目前奇虎 360 暂停了 Atlas 更新维护，将更新维护交给生态社区的开发者，如果想了解更多信息，可以在 GitHub 网站查阅。

（3）MyCat 是采用 Java 语言开发的开源的数据库中间件，支持 Windows 和 Linux 运行环境，它是在阿里巴巴开源的 Cobar 基础上进行研发的（Cobar 也是阿里巴巴研发的关系型数据库分布式处理系统）。

MyCat 的主要功能包括读写分离、分库分表（解决分库分表后的数据插入和查询等问题）、多租户应用（每个应用一个数据库，程序只需连接 MyCat，可在不改变程序代码的前提下实现多租户化）、海量数据的存储及实时查询等。如果想了解 MyCat 的更多信息，可以在 GitHub 网站查阅。

（4）Vitess 是 Youtube 开发的数据库中间件，集群是基于 ZooKeeper 管理的，通过 RPC（Remote Procedure Call，远程过程调用）方式进行数据处理，它由许多服务器进程、命令行实用程序和 Web 程序组成。

Vitess 的主要功能包括庞大数据库连接池实现数据持久化、多种分库分表方案、集成高可用方案、黑名单设置等。如果想了解 Vitess 的更多信息，可以在 GitHub 网站和 vitess 官方网站查阅。

综上所述，大部分数据库中间件的核心功能包括集群方案、分库分表、负载均衡、故障切换等，可以确保数据库在高并发、海量数据存储、异常故障的情况下仍能正常提供访问服务。

如果通过后端应用程序实现数据库分布式架构，那么必须从读写分离、分库分表、负载均衡、故障切换等方向进行设计，一般需要考虑的因素如下：

（1）读写分离如何设计主库和从库数量，在保证满足当前业务需求的情况下，同时也能充分利用每个数据库服务；设计主从库之间的网络通信方式，搭建前应有清晰的网络结构图和技术选型（例如使用多少台服务器、服务器的操作系统、单机部署还是 Docker 等技术细节说明、主从搭建的技术方案）；后端应用程序需要实现多个数据库连接，最好能构建数据库连接池。

（2）分库分表必须根据集群方案进行设计，必须按照主从库的数量制定合理的拆分方案，确定拆分后的数据表应存放在哪些数据库，并且分表分库规则应由程序自动执行完成；同时还要考虑数据查询问题，如跨库跨表查询等细节问题。

（3）负载均衡策略应根据同一时刻的读写请求量进行合理分配，确保每个数据库的负载量保持在合理范围内。实现负载均衡需要考虑如何计算和统计数据库现有的读写请求量，并且能根据每个数据库的读写请求量分配下一次读写请求。

（4）故障切换能定时检测每个数据库的运行情况，这个类似于微服务的心跳检测，如果某个数据库无法连接或出现异常，后端程序应中断连接，确保当前连接的数据库能正常访问，不影响用户正常使用，并且最好具备警报提示功能，以及时通知运维人员处理。与此同时，整个数据库集群也要具备故障切换功能。

综上所述，若想通过后端应用程序实现数据库分布式架构，则可以参考和借鉴各个数据库中间件的功能和使用方法，在参考和借鉴过程中也要结合业务需求进行思考和设计。

9.6　读写分离程序设计

读写分离是指后端应用程序连接集群的所有数据库，数据写入操作自动匹配对应的主库进行处理，数据读取操作则自动匹配对应的从库或主库进行处理。切记数据写入时不能写入从库，如果数据写入从库，主从库之间的数据就无法自动同步；数据读取可以从从库或主库中读取，一般情况下默认从从库读取。总的来说，从库不能写数据，只能读数据；主库既能写数据，又能读数据。

Django 内置的机制就能实现数据库的读写分离，只需在配置文件 settings.py 中添加数据库连接和重新定义数据库路由类即可。

在实现 Django 读写分离之前，我们需要搭建数据库集群，集群采用一主多从结构（1 主库和 2 从库），所有数据库搭建在同一台服务器，并且由 Docker Compose 完成部署，主库的运行端口为 3306，从库的运行端口分别为 3307 和 3308。

关于一主多从集群的搭建过程，本节不再重复讲述，集群的所有搭建代码可从随书源码 9.6 中获取，读者可以结合源码和参考 9.2 节的内容自行搭建集群。

当数据库集群搭建成功后，我们以第 2 章的项目 MyDjango 为例，首先打开配置文件 settings.py，在配置属性 DATABASES 中添加数据库连接，详细代码如下：

```
# settings.py
DATABASES = {
    'default': {
        'ENGINE': 'django.db.backends.mysql',
        'NAME': 'MyDjango',
        'USER': 'root',
        'PASSWORD': 'QAZwsx1234!',
        'HOST': '159.75.213.241',
        'PORT': '3306',
    },
    'slave1': {
        'ENGINE': 'django.db.backends.mysql',
        'NAME': 'MyDjango',
        'USER': 'root',
        'PASSWORD': 'QAZwsx1234!',
```

```
            'HOST': '159.75.213.241',
            'PORT': '3307',
        },
        'slave2': {
            'ENGINE': 'django.db.backends.mysql',
            'NAME': 'MyDjango',
            'USER': 'root',
            'PASSWORD': 'QAZwsx1234!',
            'HOST': '159.75.213.241',
            'PORT': '3308',
        },
    }
```

上述配置说明如下：

（1）DATABASES 的 default、slave1 或 slave2 是 Django 对数据库的命名，其中 default 是固定的并且不能修改，否则 Django 会提示异常，它代表主库；slave1 和 slave2 可自行命名，它们代表从库。

（2）在所有配置中，配置属性 NAME 必须相同，代表主从库连接并使用同一个数据库。

下一步在 MyDjango 文件夹（在 settings.py 目录）创建 routers.py 文件，打开该文件，自定义数据库路由类 Router，详细定义过程如下：

```
# routers.py
import random
class Router:
    '''
    数据库主从读写分离
    '''
    def db_for_read(self, model, **hints):
        '''
        读数据库
        使用 random.choices 在多个从库随机选一个
        还可以编写负载均衡策略
        :param model:
        :param hints:
        :return:
        '''
        return random.choice(['slave1', 'slave2'])

    def db_for_write(self, model, **hints):
```

```
        '''
        写数据库
        如果有多个主库，可以使用 random.choices 随机选取
        还可以编写负载均衡策略
        :param model:
        :param hints:
        :return:
        '''
        return 'default'

    def allow_relation(self, obj1, obj2, **hints):
        '''
        是否运行关联操作
        :param obj1:
        :param obj2:
        :param hints:
        :return:
        '''
        return True

    def allow_migrate(self, db, app_label, model_name=None, **hints):
        '''
        是否允许执行数据迁移
        :param obj1:
        :param obj2:
        :param hints:
        :return:
        '''
        return True
```

数据库路由类 Router 内置了 4 个方法用于数据库操作，每个方法详细说明如下。

（1）db_for_read(model, **hints)：选择数据库执行数据读取操作。参数 model 代表数据模型；参数 hints 是可选参数；返回值为字符串格式，代表执行数据操作的数据库，对应 settings.py 的配置属性 DATABASES 的 slave1 或 slave2。

（2）db_for_write(model, **hints)：选择数据库执行数据写入操作。参数 model 代表数据模型；参数 hints 是可选参数；返回值为字符串格式，代表执行数据操作的数据库，对应 settings.py 的配置属性 DATABASES 的 default。

（3）allow_relation(obj1, obj2, **hints)：是否执行数据表之间的关联操作。参数 obj1 和 obj2

代表不同的数据表；参数 hints 是可选参数；如果数据表之间使用外键或多对多关联，当返回值等于 True 时允许执行关联操作，当返回值等于 False 时不允许执行关联操作，当返回值等于 None 时只允许同一个数据库内的关联操作。

（4）allow_migrate(db, app_label, model_name=None, **hints)：是否允许执行数据迁移。参数 db 代表 settings.py 的配置属性 DATABASES 的数据库名称（即本示例的 default、slave1 或 slave2）；参数 app_label 是需要执行数据迁移的项目应用名称；参数 model_name 是需要执行数据迁移的模型；参数 hints 是可选参数；如果返回值等于 True 则允许执行，如果返回值等于 False 则不允许执行，如果返回值等于 None 则默认在 default 执行。

最后将自定义数据库路由类 Router 写入配置文件 settings.py 的 DATABASE_ROUTERS，配置代码如下：

```
# settings.py
DATABASE_ROUTERS = ['MyDjango.routers.Router']
```

完成上述配置后，我们在 MyDjango 中使用 migrate 指令执行数据迁移，然后使用 createsuperuser 指令创建超级用户 admin，最后运行 MyDjango，并按以下思路进行功能测试：

（1）在浏览器打开 admin 后台管理系统，使用超级用户 admin 测试是否登录成功。

（2）后台管理系统登录后，测试模型 Product 的数据能否正常执行增、删、改、查操作。

（3）使用浏览器或第三方工具调试 API 接口能否实现数据表数据的读取和写入操作。

上述示例实现了 Django 的全局读写分离功能，如果某些数据读写操作需要由特定数据库执行，那么还可以使用 using(alias)方法实现，以项目应用 index 的路由 product 为例，其对应的视图函数 productView()的代码如下：

```
# index 的 views.py
def productView(request):
    if request.method == 'GET':
        q = request.GET.get('q', '')
        if q:
            data = Product.objects.filter(name__icontains=q)
        else:
            # using 可以自行选择数据库执行数据操作
            data = Product.objects.using('default').filter(status=1)
        result = []
        for i in data.all():
            value = {'name': i.name,
                     'quantity': i.quantity,
```

```
            'kinds': i.kinds}
        result.append(value)
    return JsonResponse(result, safe=False)
```

分析上述代码得知：

（1）如果请求参数 q 不为空，则表示用户查询某个关键字的产品信息，由数据库路由类 Router 的 db_for_read()返回的数据库执行数据查询，即由 settings.py 的配置属性 DATABASES 的 slave1 或 slave2 执行数据查询。

（2）如果请求参数 q 为空，则表示用户查询全部产品信息，由于模型 Product 调用 using() 方法，该方法的参数 alias=default，因此当前数据查询由 settings.py 的配置属性 DATABASES 的 default 执行，即使用主库执行数据查询。

（3）using(alias)方法用于指定当前数据读写由哪个数据库完成，参数 alias 代表 settings.py 的配置属性 DATABASES 的数据库名称（本示例的 default、slave1 或 slave2）。如果需要实现数据写入，那么使用 using(alias)方法切记不能设置从库执行，否则会导致数据表无法同步等问题。

综上所述，Django 实现数据库读写分离的过程如下：

（1）在 settings.py 的配置属性 DATABASES 中设置多个数据库连接配置，由于数据库集群使用 MySQL Replication 实现，因此多个数据库连接配置的属性 NAME 必须相同，代表主从库连接并使用同一个数据库。

（2）在 MyDjango 文件夹创建 routers.py 文件并自定义数据库路由类 Router，通过自定义 db_for_read()、db_for_write()、allow_relation()或 allow_migrate()实现全局的读写分离、数据迁移、数据关联查询、负载均衡等功能。

（3）在 settings.py 中添加配置属性 DATABASE_ROUTERS，属性值以列表表示，列表元素是数据库路由类 Router 的路径信息，并且以字符串格式表示。

（4）如果使用 Django 的 ORM 框架执行数据读写操作，那么调用 using(alias)方法可以指定当前数据读写由哪个数据库完成。

9.7　分库程序设计

后端实现分库分表必须考虑数据库和数据表如何拆分，分库和分表是两个不同的功能，但两者之间的拆分存在相互影响，详细说明如下：

（1）分库之后，每个数据库的数据表如何拆分？如果两张数据表存在数据关联，并且分别存放在不同数据库，数据关联操作如何实现？

（2）分表之后，数据表是否可以实现程序自动拆分，拆分后的数据表应存放在哪个数据库？

（3）分库分表之后，如果对每个数据库搭建集群结构，每个数据库的读写分离如何规划？

使用 Django 实现分库分表是通过自定义数据库路由类 Router 和动态创建模型与数据表实现的。在讲述实现过程之前，我们需要搭建两个数据库，并且数据库之间没有主从关系，数据库搭建在同一台服务器，并且由 Docker Compose 完成部署，分别以 3306 和 3307 端口运行，搭建过程这里不再重复讲述，搭建代码可在随书源码 9.7 中获取。

我们以第 2 章的项目 MyDjango 为例，首先打开配置文件 settings.py，在配置属性 DATABASES 中添加数据库连接，详细代码如下：

```python
# settings.py
DATABASES = {
    'default': {
        'ENGINE': 'django.db.backends.mysql',
        'NAME': 'MyDjango',
        'USER': 'root',
        'PASSWORD': 'QAZwsx1234!',
        'HOST': '159.75.213.241',
        'PORT': '3306',
    },
    'db': {
        'ENGINE': 'django.db.backends.mysql',
        'NAME': 'MyDjango',
        'USER': 'root',
        'PASSWORD': 'QAZwsx1234!',
        'HOST': '159.75.213.241',
        'PORT': '3307',
    },
}

DATABASE_APPS_MAPPING = {
    # 'app_name':'database_name',
    'index': 'db',
    'admin': 'default',
    'auth': 'default',
    'contenttypes': 'default',
    'sessions': 'default',
}
```

上述配置分别设置了 DATABASES 和 DATABASE_APPS_MAPPING，详细说明如下：

（1）DATABASES 分别连接两个数据库 default 和 db，由于两个数据表不存在主从关系，因此配置属性 NAME 无须相同。

（2）DATABASE_APPS_MAPPING 是自定义属性，并非 Django 内置属性，用于构建项目应用和数据库关联，指定项目应用 models.py 定义模型对应映射哪个数据库的数据表。例如 'index':'db'代表项目应用 index 定义模型映射在数据库 db，'admin':'default'代表 Django 内置 Admin 的模型映射在数据库 default。也就是说，DATABASE_APPS_MAPPING 是实现分库分表的拆分规则。

下一步实现分库功能，在 MyDjango 文件夹（在 settings.py 目录）创建 routers.py 文件，打开文件自定义数据库路由类 Router，详细定义过程如下：

```python
# routers.py
from django.conf import settings

# 导入自定义属性 DATABASE_APPS_MAPPING
DATABASE_MAPPING = settings.DATABASE_APPS_MAPPING

class Router:
    '''
    数据库分库功能
    '''

    def db_for_read(self, model, **hints):
        '''
        读数据库
        :param model:
        :param hints:
        :return:
        '''
        if model._meta.app_label in DATABASE_MAPPING.keys():
            return DATABASE_MAPPING[model._meta.app_label]
        return None

    def db_for_write(self, model, **hints):
        '''
        写数据库
        :param model:
        :param hints:
```

```
        :return:
        '''
        if model._meta.app_label in DATABASE_MAPPING.keys():
            return DATABASE_MAPPING[model._meta.app_label]
        return None

    def allow_relation(self, obj1, obj2, **hints):
        '''
        是否运行关联操作
        :param obj1:
        :param obj2:
        :param hints:
        :return:
        '''
        db_obj1 = DATABASE_MAPPING.get(obj1._meta.app_label)
        db_obj2 = DATABASE_MAPPING.get(obj2._meta.app_label)
        if db_obj1 and db_obj2:
            if db_obj1 == db_obj2:
                return True
            else:
                return False
        return None

    def allow_migrate(self, db, app_label, model_name=None, **hints):
        '''
        是否允许执行数据迁移
        :param obj1:
        :param obj2:
        :param hints:
        :return:
        '''
        if db in DATABASE_MAPPING.values():
            return DATABASE_MAPPING.get(app_label) == db
        elif app_label in DATABASE_MAPPING.keys():
            return False
        return None
```

分析上述代码得知：

（1）数据库路由类 Router 定义 db_for_read()、db_for_write()、allow_relation()和 allow_migrate()
实现分库功能。每个方法都用于判断参数和 DATABASE_APPS_MAPPING 的关系，例如 if

model._meta.app_label in DATABASE_MAPPING.keys()，参数 model 代表模型对象，如果 DATABASE_MAPPING 所有键含有模型的属性 app_label，那么返回值将返回这个键所对应的值（DATABASE_MAPPING[model._meta.app_label]），也就是返回模型所对应的数据库。

（2）如果数据库是集群结构，那么配置属性 DATABASES 的数据库连接时要注意属性 NAME 的配置，哪些数据库的属性 NAME 无须相同，哪些必须相同，并且 DATABASE_APPS_MAPPING 的所有值应变为字典格式，示例代码如下：

```python
# settings.py
DATABASES = {
    'default': {
        'ENGINE': 'django.db.backends.mysql',
        # 与db、db1和db2不存在主从关系，NAME无须相同
        'NAME': 'MyDjango',
        'USER': 'root',
        'PASSWORD': 'QAZwsx1234!',
        'HOST': '159.75.213.241',
        'PORT': '3306',
    },
    'db': {
        'ENGINE': 'django.db.backends.mysql',
        # 与db1和db2是主从关系，NAME必须相同
        'NAME': 'MyDjango',
        'USER': 'root',
        'PASSWORD': 'QAZwsx1234!',
        'HOST': '159.75.213.241',
        'PORT': '3307',
    },
    'db1': {
        'ENGINE': 'django.db.backends.mysql',
        # 与db和db2是主从关系，NAME必须相同
        'NAME': 'MyDjango',
        'USER': 'root',
        'PASSWORD': 'QAZwsx1234!',
        'HOST': '159.75.213.241',
        'PORT': '3308',
    },
    'db2': {
        'ENGINE': 'django.db.backends.mysql',
        # 与db和db1是主从关系，NAME必须相同
        'NAME': 'MyDjango',
```

```
        'USER': 'root',
        'PASSWORD': 'QAZwsx1234!',
        'HOST': '159.75.213.241',
        'PORT': '3309',
    },
}


DATABASE_APPS_MAPPING = {
    # 'app_name':'database_name',
    'index': {'read': ['db1', 'db2'], 'write': ['db']},
    'admin': {'read': ['default'], 'write': ['default']},
    'auth': {'read': ['default'], 'write': ['default']},
    'contenttypes': {'read': ['default'], 'write': ['default']},
    'sessions': {'read': ['default'], 'write': ['default']}
}


# routers.py
from django.conf import settings
import random
# 导入自定义属性 DATABASE_APPS_MAPPING
DATABASE_MAPPING = settings.DATABASE_APPS_MAPPING


class Router:
    '''
    数据库分库功能
    '''

    def db_for_read(self, model, **hints):
        '''
        读数据库
        :param model:
        :param hints:
        :return:
        '''
        if model._meta.app_label in DATABASE_MAPPING.keys():
            # 随机选取
            return random.choice(DATABASE_MAPPING[model._meta.app_label]['read'])
        return None
```

最后将自定义数据库路由类 Router 写入配置文件 settings.py 的 DATABASE_ROUTERS，配置代码如下：

```
# settings.py
DATABASE_ROUTERS = ['MyDjango.routers.Router']
```

完成上述配置后，我们在 MyDjango 中使用 migrate 指令执行数据迁移，由于示例连接了两个数据库，因此数据迁移需要执行两次，执行指令如下：

```
# 在每个项目应用的 migrations 中创建 .py 文件
python manage.py makemigrations
# 执行数据库 default 的数据迁移
python manage.py migrate
# 执行数据库 db 的数据迁移
python manage.py migrate --database=db
```

然后使用 createsuperuser 指令创建超级用户 admin，最后运行 MyDjango，并按以下思路进行功能测试：

（1）使用 Navicat Premium 连接数据库，查看每个数据库的数据表情况。

（2）在浏览器打开 admin 后台管理系统，使用超级用户 admin 测试是否登录成功。

（3）登录后台管理系统后，测试模型 Product 的数据能否正常执行增、删、改、查操作。

（4）使用浏览器或第三方工具调试 API 接口能否实现数据表数据的读取和写入操作。

9.8　分表程序设计

分表功能必须在分库已经明确的前提下才能实现，如果整个后端架构只有一个数据库，那么无须分库也能实现分表功能。

本节将在 9.7 节的基础上进一步实现分表功能，由于项目应用 index 定义了模型 Product，这代表商品的基本信息，如果目前需要记录商品每天的销量情况，将商品每天的销量存储在商品信息表，那么全年累计下来，数据表就会产生 365 个字段，这样不符合数据表的设计思想。

为了解决这种特殊开发需求，商品每天的销量应使用新的数据表存储，商品每天的销量表的数据与商品信息表的数据能构成数据关联，并且商品每天的销量表必须设有新字段记录当天的销售量，表名也应以当天日期表示。

Django 没有为我们提供动态创建模型和数据表的方法，因此需要在 ORM 的基础上进行自定义。以 9.7 节的 MyDjango 项目为例，在项目应用 index 的 models.py 中定义函数 createModel()、createDb() 和 createTable()，函数定义如下：

```
# index 的 models.py
def createModel(name, fields, app_label, options=None):
    """
    动态定义模型对象
    :param name: 模型的命名
    :param fields: 模型字段
    :param app_label: 模型所属的项目应用
    :param options: 模型 Meta 类的属性设置
    :return: 返回模型对象
    """
    class Meta:
        pass
    setattr(Meta, 'app_label', app_label)
    # 设置模型 Meta 类的属性
    if options is not None:
        for key, value in options.items():
            setattr(Meta, key, value)
    # 添加模型属性和模型字段
    attrs = {'__module__': f'{app_label}.models', 'Meta': Meta}
    attrs.update(fields)
    # 使用 type 动态创建类
    return type(name, (models.Model,), attrs)


def createDb(model):
    """
    使用 ORM 的数据迁移创建数据表
    :param model: 模型对象
    """
    from django.utils.connection import ConnectionProxy
    from django.db.utils import ConnectionHandler
    from django.db.backends.base.schema import BaseDatabaseSchemaEditor
    # 创建数据表必须使用 try…except，因为数据表已存在的时候会提示异常
    try:
        db = settings.DATABASE_APPS_MAPPING[model._meta.app_label]
        connect = ConnectionProxy(ConnectionHandler(), db)
        with BaseDatabaseSchemaEditor(connect) as editor:
            editor.create_model(model=model)
    except:
        pass


def createTable(model_name, app_label):
```

```
"""
定义模型对象和创建相应数据表
:param model_name: 模型名称（数据表名称）
:param app_label: 代表模型定义在哪个项目应用
:return: 返回模型对象，以便视图执行增、删、改、查
"""
fields = {
    'id': models.AutoField(primary_key=True),
    'product': models.CharField(max_length=20),
    'sales': models.IntegerField(),
    '__str__': lambda self: str(self.id), }
options = {
    'verbose_name': model_name,
    'db_table': model_name,
}
m = createModel(name=model_name, fields=fields,
            app_label=app_label, options=options)
createDb(m)
return m
```

上述代码中，动态创建模型和数据表是由函数 createModel()、createDb()和 createNewTab() 实现的，各个函数实现的功能说明如下：

（1）createModel()是工厂函数，它负责对模型类进行加工并执行实例化。参数 name 代表模型名称；参数 fields 以字典格式表示，每个键-值对代表一个模型字段；参数 app_label 代表模型定义在哪个项目应用；参数 options 设置模型 Meta 类的属性。

（2）createDb()根据模型对象在数据库中创建数据表，它调用 ORM 的 BaseDatabaseSchema Editor(connect)生成实例化对象 editor，参数 connect 是数据库连接对象，通过当前模型的 app_label 和自定义属性 DATABASE_APPS_MAPPING 找到对应的数据库，并构建数据库连接对象 connect。最后由 editor 调用实例方法 create_model()创建数据表，参数 model 代表已实例化的模型对象。

（3）createTable()设置模型字段 fields 和模型 Meta 类，首先调用工厂函数 createModel()生成模型的实例化对象 m，然后调用 createDb()并传入实例化对象 m，在数据库中生成相应的数据表，最后将模型的实例化对象 m 作为函数返回值。

最后在项目应用 index 的 urls.py 和 views.py 中定义路由 sales 和视图函数 salesView()，定义过程如下：

```
# index 的 urls.py
from django.urls import path
```

```python
from .views import *
urlpatterns = [
    path('', loginView, name='login'),
    path('product.html', productView, name='product'),
    path('sales.html', salesView, name='sales'),
]


# index 的 views.py
import time
from django.http import JsonResponse
from .models import *
from django.forms.models import model_to_dict
from django.views.decorators.csrf import csrf_exempt


@csrf_exempt
def salesView(request):
    '''
    自动创建每天的销量表
    GET 请求用于查询数据
    POST 请求用于新增或修改数据
    :param request:
    :return:
    '''
    data = {'result': True, 'data': []}
    today = time.localtime(time.time())
    date = f"sales{time.strftime('%Y%m%d', today)}"
    if request.method == 'GET':
        q = request.GET.get('q', '')
        # 获取请求参数 date，查询某一天的数据表的数据
        date = request.GET.get('date', '')
        # 如果请求参数 date 为空，则默认查询当天
        date = f"sales{date}" if date else f"sales{time.strftime('%Y%m%d',today)}"
        model_name = createTable(date, 'index')
        d = model_name.objects.all()
        if q:
            d = d.filter(product__icontains=q)
        for i in d:
            data['data'].append(model_to_dict(i))
    else:
        model_name = createTable(date, 'index')
        product = request.POST.get('product', '')
```

```
        sales = request.POST.get('sales', 1)
    if product:
        # 若参数 product 存在数据表，则执行更新处理，否则执行新增处理
        model_name.objects.update_or_create(
            defaults=dict(product=product, sales=int(sales)),
            **{'product': product}
        )
return JsonResponse(data, safe=False)
```

视图函数 salesView() 根据不同的 HTTP 请求方式执行不同的数据处理，详细说明如下：

（1）如果用户发送 GET 请求，则执行数据查询操作。请求参数 date 代表查询某天的商品销售数据，如果参数值为空，则默认查询当天；请求参数 q 表示用户查询某个关键字的产品信息。

（2）如果用户发送 POST 请求，则执行数据新增或修改操作。如果请求参数 product 在数据表中已存在，则执行数据修改操作，如果不存在，则执行数据新增操作；请求参数 sales 代表当天销量。

最后运行 MyDjango 项目，使用浏览器或第三方接口调试工具分别对路由 sales 发送多次 GET 和 POST 请求，并且每次发送的 HTTP 请求最好设置不同的请求参数。可使用数据库可视化工具 Navicat Premium 连接数据库，查看数据表的数据情况，检验功能是否正常。

9.9　MySQL 内置分表与设计

我们知道分表功能能通过后端程序实现，但 MySQL 数据库已内置了分表功能，分表需使用数据表引擎 MyISAM 实现。

MySQL 设有多种引擎类型，常用的引擎类型有 InnoDB、MyISAM、Memory 和 ARCHIVE，每种引擎说明如下。

（1）InnoDB：默认的数据库存储引擎；支持事务、行锁和外键约束；内置缓冲管理和缓冲索引，加快查询速度；使用共享表空间存储，所有表和索引存放在同一个表空间中。

（2）MyISAM：一张 MyISAM 表有 3 个文件，即索引文件、表结构文件和数据文件；不支持事务和外键约束，数据表的锁分别有读锁和写锁，读锁和写锁是互斥的，并且读写操作是串行的。在同一时刻，两个进程对 MyISAM 表执行读取和写入操作，优先执行写入操作，因此 MyISAM 表不太适合有大量写入操作，它使查询操作难以获得读锁，有可能造成永远阻塞。

（3）Memory：为了提高数据的访问速度，将数据存放在内存；数据存放内存中，一旦服务

器出现故障，数据都会丢失；支持的锁粒度为表级锁。

（4）ARCHIVE：是数据表归档，仅支持基本的插入和查询功能；拥有很好的压缩机制，使用 ZLIB 压缩，常被用来当作数据仓库使用。

在 Django 中，ORM 框架连接 MySQL 并创建数据表默认使用 InnoDB 引擎，如果要使用数据表引擎 MyISAM 实现分表功能，就必须自定义创建数据表。以第 2 章的 MyDjango 项目为例，在配置文件 settings.py 中设置 MySQL 的连接方式，代码如下：

```
# settings.py
DATABASES = {
    'default': {
        'ENGINE': 'django.db.backends.mysql',
        'NAME': 'MyDjango',
        'USER': 'root',
        'PASSWORD': 'QAZwsx1234!',
        'HOST': '159.75.213.241',
        'PORT': '3306',
        # 将所有数据表设为 MyISAM 引擎
        # 'OPTIONS': {
        #     'init_command': 'SET default_storage_engine=MyISAM',
        # },
    },
}
```

在 settings.py 中修改数据表引擎会将所有数据表改用 MyISAM 引擎，如果只想某部分数据表使用 MyISAM 引擎实现分表功能，则无须在 settings.py 的 DATABASES 中配置 OPTIONS。一般情况下，如果数据表引擎没有特殊要求，建议使用 InnoDB 引擎，因为它更适合日常的业务需求。

下一步在项目应用 index 的 models.py 中定义数据表 index_product、index_product0、index_product1 和 index_product2，这些数据表都是使用 MyISAM 引擎实现分表功能的，详细的定义过程如下：

```
# index 的 models.py
from django.db import models
from django.db import connection
from django.db.backends.base.schema import BaseDatabaseSchemaEditor

STATUS = (
    (0, 0),
    (1, 1)
```

```
)

class Product(models.Model):
    id = models.IntegerField(primary_key=True)
    name = models.CharField('名称', max_length=50)
    quantity = models.IntegerField('数量', default=1)
    kinds = models.CharField('类型', max_length=20)
    status = models.IntegerField('状态', choices=STATUS, default=1)
    remark = models.TextField('备注', null=True, blank=True)
    updated = models.DateField('更新时间', auto_now=True)
    created = models.DateField('创建时间', auto_now_add=True)

    def __str__(self):
        return self.name

    class Meta:
        app_label = 'index'
        verbose_name = '产品列表'
        verbose_name_plural = '产品列表'
        db_table = 'index_product'


def create_table(sql):
    # 创建数据表必须使用 try…except，因为数据表已存在的时候会提示异常
    try:
        with BaseDatabaseSchemaEditor(connection) as editor:
            editor.execute(sql=sql)
    except:
        pass


# 创建分表
tb_list = []
for i in range(3):
    create_table(f'''
        create table if not exists index_product{i}(
            `id` int NOT NULL,
            `name` varchar(50) NOT NULL,
            `quantity` int NOT NULL,
            `kinds` varchar(20) NOT NULL,
            `status` int NOT NULL,
            `remark` longtext,
            `updated` date NOT NULL,
```

```
        `created` date NOT NULL,
        PRIMARY KEY (`id`)
    )ENGINE=MyISAM DEFAULT CHARSET=utf8;
''')
tb_list.append(f'index_product{i}')

# 创建总表
# tb_str 是将所有分表联合到总表
tb_str = ','.join(tb_list)
create_table(f'''
    create table  if not exists index_product(
        `id` int NOT NULL,
        `name` varchar(50) NOT NULL,
        `quantity` int NOT NULL,
        `kinds` varchar(20) NOT NULL,
        `status` int NOT NULL,
        `remark` longtext,
        `updated` date NOT NULL,
        `created` date NOT NULL,
        PRIMARY KEY (`id`)
    )ENGINE=MERGE UNION=({tb_str}) INSERT_METHOD=LAST
    CHARSET=utf8;
''')
```

分析上述代码得知：

（1）自定义函数 create_table()使用 ORM 框架的 BaseDatabaseSchemaEditor 的实例方法 execute()执行 SQL 语句创建数据表。

（2）分表通过 for 循环创建，每次循环调用 create_table()函数执行相应的 SQL 语句，分别创建数据表 index_product0、index_product1 和 index_product2。在 SQL 语句中，只需设置 ENGINE=MyISAM 就能设置分表引擎，并且将分表命名写入列表 tb_list。

（3）总表也是调用 create_table()函数创建的，表引擎为 MERGE；属性 UNION 是合并所有分表数据；属性 INSERT_METHOD 是数据写入模式，属性值分别有 NO、FIRST 和 LAST，NO 是不允许写入数据，FIRST 只在第一张表写入数据，LAST 只在最后一张表写入数据，表顺序以属性 UNION 为准。

（4）由于总表和分表都是由 SQL 语句创建的，因此所以模型 Product 的 Meta 类必须设置参数 managed 和 db_table。

在执行迁移的过程中，由于项目应用 index 的数据表都是通过 SQL 自行创建的，因此无须再执行 makemigrations 指令，直接执行 migrate 指令就会在数据库中创建相应的数据表，如图 9-14 所示。

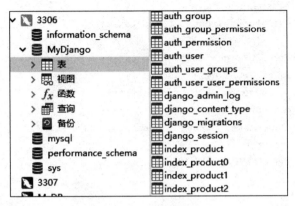

图 9-14   数据表信息

数据表创建成功后，下一步通过操作模型 Product 实现数据表 index_product 的数据读写操作，我们重新定义路由 product 的视图函数 productView，详细定义过程如下：

```python
# index 的 views.py
import random
import time
from django.http import JsonResponse
from .models import *
from django.views.decorators.csrf import csrf_exempt
@csrf_exempt
def productView(request):
    '''
    GET 请求用于获取数据
    POST 请求用于新增或修改数据
    :param request:
    :return:
    '''
    if request.method == 'GET':
        q = request.GET.get('q', '')
        data = Product.objects.filter(status=1)
        if q:
            data = Product.objects.filter(name__icontains=q)
        result = []
        for i in data.all():
            value = {'name': i.name,
```

```
                  'quantity': i.quantity,
                  'kinds': i.kinds}
          result.append(value)
      return JsonResponse(result, safe=False)
  else:
      id = request.POST.get('id', '')
      name = request.POST.get('name', '')
      quantity = request.POST.get('quantity', 1)
      kinds = request.POST.get('kinds', '')
      d = dict(name=name, quantity=quantity, kinds=kinds)
      p = Product.objects
      # id不存在就在分表中随机抽取写入数据
      if not id:
          d['id'] = int(time.time())
          # 更换数据表写入数据
          tbs = ['index_product0', 'index_product1', 'index_product2']
          tb = random.choice(tbs)
          print(tb)
          p.model._meta.db_table = tb
          p.create(**d)
      else:
          # id存在就在总表中查询并修改数据
          p.filter(id=id).update(**d)
      return JsonResponse({'result': True}, safe=False)
```

分析上述代码得知：

（1）视图函数 productView 根据不同的 HTTP 请求执行不同的请求处理，如果是 GET 请求，则执行数据查询操作；如果是 POST 请求，则执行数据新增或修改操作。

（2）如果当前请求是 GET 请求，存在请求参数 q，则表示查询某个关键字的产品信息；若不存在请求参数 q，则查询 status=1 的所有产品。所有数据查询操作都是在总表 index_product 中执行的。

（3）如果当前请求是 POST 请求，存在请求参数 id，则表示在总表 index_product 中执行数据修改操作；如果不存在请求参数 id，则表示在某一张分表中执行数据新增操作。

（4）在创建总表的 SQL 语句中，我们设置了 INSERT_METHOD=LAST，如果在总表新增数据，所有数据都会保存在数据表 index_product2 中，这样就不太符合分表的目的（分表的目的主要是解决单表存储海量数据问题），所以每次数据新增都是随机保存在某张分表中。

（5）随机抽取分表是通过 random 模块随机抽取的，然后将模型对象 p 的 Meta 类的属性

db_table 重新设置，这样能为模型对象 p 指定某一张分表，从而完成数据新增操作。

（6）由于每张分表的 id 是互不关联的，例如 index_product0 和 index_product1 都能存储 id=1 的数据，在总表中就会出现两条 id=1 的数据，因此会造成数据错乱，为了确保数据具备唯一性，在新增数据的时候，主键 id 只能通过程序创建，例如上述示例的主键 id 是通过时间戳生成的。但在高并发系统中，可能一毫秒就能产生成千上万的并发量，使用时间戳也会出现数据重复，而使用分布式 ID 生成器能有效解决数据重复问题。

最后运行 MyDjango 项目，使用浏览器或第三方接口调试工具分别对路由 product 发送多次 GET 和 POST 请求，并且每次发送的 HTTP 请求最好设置不同的请求参数。可使用数据库可视化工具 Navicat Premium 连接数据库，查看数据表的数据情况，检验功能是否正常。

上述示例只是讲述单库的分表情况，如果在此基础上再实现分库功能和数据库集群，整个系统架构就会变得庞大和复杂，这时必须梳理清楚每个数据库和每张数据表之间的关系。

9.10　本章小结

数据库集群模式主要分为一主多从结构、多主多从结构、双主多从结构和多主结构等，每种模式都有不同的实现方案，有些集群方案是内置在数据库本身的，有些以数据库中间件形式表示。大多数 MySQL 集群方案都是在 MySQL Replication 的基础上进行优化的，因此笔者认为掌握 MySQL Replication 是架构师入门的基础知识之一。

数据库分布式技术是我们常说的分库分表技术，用于对某个数据库的某张数据表进行分布式处理，这是对关系型数据库的数据存储和访问机制的一种补充。

分库是将数据库多张数据表拆分到不同数据库，主要用于降低同一数据库访问不同数据表的压力；分表是将一张数据表拆分为多张数据表，主要用于降低数据表存储的数据量。

分库分表包含垂直分库、水平分库、垂直分表、水平分表，每一种拆分方式各有优缺点，详细说明如下：

（1）垂直分库拆分后能使业务变得更加清晰，数据维护更加简单，某个数据库出现异常不会影响其他业务运行，但不同业务之间不能使用 SQL 关联查询，只能通过后端程序查询不同的业务数据进行组装拼接。

（2）水平分库可以减少数据库存储的数据量，减少系统负载，有助于提高性能，但不利于数据扩展，例如新增、修改或删除表字段，并且查询某张表的全部数据只能通过后端程序查询每个库的表数据进行组装拼接。

（3）垂直分表是拆分数据表的列数据，通过减少列数来降低单表的数据存储量，但是行数据太大会影响读写操作，查询全部数据需要分别查询多张表的数据进行数据组装拼接。

（4）水平分表是拆分数据表的行数据，通过减少行数来降低单表的数据存储量，拆分后的表结构相同，对于后端程序影响较小，它同时也具备水平分库的优缺点。

搭建数据库分布式架构目前有两种实现方式，即数据库中间件和后端应用程序设计，两者分别说明如下：

（1）数据库中间件应用在数据库和后端应用程序之间，后端应用程序不再直接连接数据库，而是连接数据库中间件。数据库中间件连接数据库，整个分库分表过程以及数据查询等操作都在数据库中间件完成，后端应用程序通过数据库中间件读写数据即可。它对后端原有程序的影响较小，降低了技术成本和复杂度，但需要增加额外的硬件投入和运维成本。

（2）后端应用程序设计是直接连接数据库，并且分库分表以及数据查询等操作都由后端实现，它对后端原有程序的影响较大，增加了技术成本和复杂度，对开发人员和系统架构师的技能水平要求较高，但更符合业务需求，业务定制性较强。

第 10 章

常见的系统架构设计技术

由于大型系统的复杂性和巨大的访问量，都会涉及会话、缓存、分布式缓存、分布式事务、服务降级、限流、服务熔断等问题，因此，如何处理这些问题是系统架构师必须考虑的问题，本章将对大型系统的常见问题进行详细阐述。

本章学习内容：

- 什么是会话
- 分布式会话的实现方案
- 缓存概述与问题
- 分布式缓存技术选型
- 了解分布式消息队列
- Kafka 简述与安装
- 生产者与消费者
- Kafka 实现商品与订单解耦
- 分布式搜索引擎 Elasticsearch
- 使用 Elasticsearch 实现产品搜索
- 分布式事务那些事
- 使用分布式事务 DTM 实现订单业务
- 分布式锁
- 分布式 ID
- 雪花算法与 Redis 生成分布式 ID
- Consul 实现配置中心
- 服务降级、限流和熔断

- 使用 Redis 实现限流功能

10.1　什么是会话

我们知道 HTTP 请求是无状态的，当用户向服务器发起多个请求时，服务器无法分辨这些请求来自哪个用户。为了解决 HTTP 请求的无状态问题，目前常见的解决方案有 Cookie、Session 和 Json Web Token（JWT）。

浏览器向服务器发送请求，服务器做出响应之后，二者便会断开连接（会话结束），下次用户再来请求服务器，服务器没有办法识别此用户是谁。比如用户登录功能，如果没有 Cookie 机制支持，那么只能通过查询数据库实现，并且每次刷新页面都要重新操作一次用户登录才可以识别用户，这会给开发人员带来大量的冗余工作，简单的用户登录功能也会给服务器带来巨大的负载压力。

Cookie 是从浏览器向服务器传递数据，让服务器能够识别当前用户，而服务器对 Cookie 的识别机制是通过 Session 实现的，Session 存储了当前用户的基本信息，如姓名、年龄和性别等。由于 Cookie 存储在浏览器里面，而且 Cookie 的数据是由服务器提供的，如果服务器将用户信息直接保存在浏览器中，就很容易泄露用户信息，并且 Cookie 大小不能超过 4KB，不能支持中文，因此需要一种机制在服务器的某个域中存储用户数据，这个域就是 Session。

总而言之，Cookie 和 Session 是为了解决 HTTP 无状态的弊端，为了让浏览器和服务端建立长久联系的会话而出现的。

JWT 是在网络应用环境传递的一种基于 JSON 的开放标准，它的设计是紧凑且安全的，用于各个系统之间安全传输 JSON 数据，并且经过数字签名，可以被验证和信任，适用于分布式的单点登录场景。

JWT 的声明一般在客户端和服务端之间传递的信息，以便从服务器获取数据，也可以对一些业务逻辑进行声明，不仅能直接用于认证，也可以对数据进行加密处理。JWT 的认证过程如下：

（1）用户在网页上输入用户名和密码并单击"登录"按钮，前端向后端发送 HTTP 请求。

（2）后端收到前端的请求后，从请求参数中获取用户名和密码，并进行用户登录验证。

（3）后端验证成功后，将生成一个 token 并返回给前端。

（4）前端收到 token 之后，每次发送请求都将 token 作为请求头或 cookie 一并传递给后端。

（5）后端收到前端请求后，通过请求头或 cookie 获取 token，从 token 获取信息就能识别当前请求来自哪一个用户。

JWT 是由三部分数据构成的，第一部分称为头部（header），第二部分称为载荷（payload），第三部分称为签证（signature），各个部分说明如下：

（1）头部（header）存储两部分信息：由类型和加密算法组成，加密算法通常使用 HMAC SHA256，然后将类型和加密算法进行 base64 编码，完成第一部分的构建。

（2）载荷（payload）存放有效数据，比如用户信息等，然后将数据进行 base64 编码，完成第二部分的构建。

（3）签名（signature）是拼接已编码的 header、payload 和一个公钥，使用 header 中指定的签名算法进行加密，保证 JWT 没有被篡改。

了解了会话技术原理之后，下一步继续讲述分布式会话，它是分布式系统架构的一个重要功能。在分布式架构中，由于每个功能可能部署在不同的服务器中，每个功能使用的数据库也可能部署在不同的服务器中，因此会导致同一个用户不同的功能有不同的登录状态。

例如功能 A 是用户登录，它连接数据库 AA，功能 B 是购物车信息，它连接数据库 BB，数据库 AA 和 BB 没有主从关系，那么用户 A 登录成功后，功能 A 能够识别用户 A 的所有请求，但功能 B 却无法识别用户 A 的所有请求。

总的来说，分布式会话是使各个服务和应用能够识别同一个用户的 HTTP 请求，底层实现还是以 Cookie、Session 或 Json Web Token（JWT）为主，只是系统架构与单站点系统略有不同。

10.2　分布式会话的实现方案

分布式会话主要考虑如何能使各个应用功能自动识别用户请求，以 Django 为例，由于 Django 内置了会话 Session，因此各个应用功能可以连接同一个会话 Session 的数据库，其设计如图 10-1 所示。

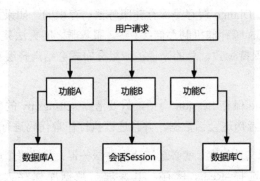

图 10-1　Session 分布式会话设计

从上述设计图得知，每个应用功能连接同一个会话 Session 的数据库，因此每个应用功能可以识别同一个用户的 HTTP 请求。换句话说，每个应用功能除了实现自身功能之外，还要保留 Django 的 Session 和 Auth 认证功能。

上述分布式会话架构设计较为简单，只需在每个应用功能连接同一个会话 Session 的数据库即可，Django 支持多数据库连接，详细介绍可以回顾 9.7 节。

网站功能越多，所有功能连接同一个数据库就会占用较多的服务资源，在不改变当前架构的前提下，可以对数据库搭建集群结构，用于解决负载过重的问题，但是会话 Session 的数据库出现异常，可能会导致各个应用功能无法正常运行。

Session 会话的用户信息除了能保存在数据库之外，还可以保存在缓存、文件、Cookie 或 Redis，只需要在 Django 的 settings.py 中设置配置属性 SESSION_ENGINE 即可，详细配置代码如下：

```
# Session 会话保存在数据库中（默认保存方式）
SESSION_ENGINE = 'django.contrib.sessions.backends.db'
# Session 会话保存在文件中
SESSION_ENGINE = 'django.contrib.sessions.backends.file'
# Session 会话保存在缓存中
SESSION_ENGINE = 'django.contrib.sessions.backends.cache'
# Session 会话保存在缓存和数据库中
SESSION_ENGINE = 'django.contrib.sessions.backends.cached_db'
# Session 会话基于 Cookie
SESSION_ENGINE = 'django.contrib.sessions.backends.signed_cookies'
# Session 会话保存在 Redis 中（需要安装插件：django-redis-sessions）
SESSION_ENGINE = 'redis_sessions.session'
```

Session 会话选择不同存储方式也会影响分布式会话的架构设计，一般情况下不建议选择缓存和 Cookie，详细说明如下：

（1）在默认情况下，Django 缓存是保存在服务器内存中的，如果没有搭建分布式缓存（没有使用 Memcached 或 Redis 等存储机制存储缓存），服务器之间无法共享内存，就会导致服务器之间的 Session 会话无法保持一致。总的来说，如果分布式会话选择缓存进行存储，那么必须搭建分布式缓存功能。

（2）如果选择 Cookie 保存 Session 会话，只要泄露 settings.py 的配置属性 SECRET_KEY，网站系统就很容易被攻击者伪造会话数据，并且远程执行任意代码进行恶性攻击。

如果分布式会话选择文件保存，就必选搭建文件服务器，并且每个应用功能都能访问文件服务器；如果分布式会话选择 Redis 保存，其原理与数据库保存大致相同，只需按照插件 django-redis-sessions 设置 Redis 连接即可，并且 Redis 也可以搭建集群结构解决负载过重的问题。

除了 Session 会话之外，JWT 也是分布式会话的底层技术之一，对比 Session 会话，JWT 相对简单粗暴，它无须任何数据存储，整个生命周期都是由程序实现的，并且不同编程语言都有相应的插件安装，可以实现开箱即用，详细请查看 JWT 官方网站。

以 Python 的 PyJWT 为例，将第 2 章的 MyDjango 项目登录接口改用 JWT 实现，并对产品查询接口设置登录验证。打开项目应用 index 的 views.py，重新定义视图函数 loginView()，详细代码如下：

```python
# index 的 views.py
import time
from django.http import JsonResponse
from .models import *
from django.contrib.auth.models import User
from django.contrib.auth import authenticate
from django.conf import settings
from django.views.decorators.csrf import csrf_exempt
import jwt


@csrf_exempt
def loginView(request):
    res = {'result': False, 'token': ''}
    if request.method == 'POST':
        u = request.POST.get('username', '')
        p = request.POST.get('password', '')
        if User.objects.filter(username=u):
            user = authenticate(username=u, password=p)
            if user:
                if user.is_active:
                    d = dict(username=user.username,
                            exp=int(time.time()) + settings.TOKEN_EXP,
                            iat=int(time.time()))
                    key = settings.SECRET_KEY
                    try:
                        # 1.17 版本之前需要使用 decode() 转字符串
                        j=jwt.encode(d,key,algorithm="HS256").decode('utf-8')
                    except:
                        # 新版本直接返回字符串格式
                        j = jwt.encode(d, key, algorithm="HS256")
                    res['result'] = True
                    res['token'] = j
```

```
        return JsonResponse(res)
```

分析上述代码得知：

（1）当用户的账号和密码验证通过之后，程序创建字典 d，其中 exp 和 iat 分别代表 JWT 的有效时间和创建时间。有效时间等于当前时间加上 settings.py 自定义属性 TOKEN_EXP 的值（TOKEN_EXP 的值以秒为单位），例如 TOKEN_EXP=1800，即 JWT 在登录后的 30 分钟内有效。

（2）调用 PyJWT 的 encode()函数创建 JWT。函数的第一个参数是 JWT 的载荷（payload）；第二个参数用于设置加密盐，使用加密算法执行加密过程，加密盐使用 settings.py 的属性 SECRET_KEY；第三个参数选择加密算法类型。

（3）JWT 创建后将写入接口的返回值 token，由前端获取返回值 token，在后续接口的请求中，将 token 写入请求头或 cookie 发送请求，后端获取请求头或 cookie 的 token 就能识别某个用户请求。

下一步对产品查询接口设置登录验证，换句话说，除了登录接口无须校验 token 之外，其他接口都需要校验 token。在 MyDjango 文件夹创建 myMiddleware.py，通过 Django 中间件实现所有接口的登录验证功能，实现代码如下：

```python
# MyDjango 的 myMiddleware.py
from django.conf import settings
from django.utils.deprecation import MiddlewareMixin
from django.http import JsonResponse
import jwt

class MyAuthenticationMiddleware(MiddlewareMixin):
    def process_request(self, request):
        url_path = request.path
        check = True
        if url_path == '/':
            check = False
        if check:
            key = settings.SECRET_KEY
            token = request.headers.get('Token')
            d = {"result": False, "msg": "please login"}
            if token:
                # 检验 JWT 有效期
                try:
                    jwt.decode(token, key, algorithms="HS256")
```

```
        except Exception as e:
            if 'Signature has expired' in str(e):
                return JsonResponse(d)
    else:
        print(f'token is {token}')
    return JsonResponse(d)
```

分析上述代码得知：

（1）当访问登录接口，变量 check 等于 False 时，程序不会执行登录验证功能。

（2）当访问其他接口，变量 check 等于 True 时，如果请求头带有 token，程序会调用 PyJWT 的 decode() 函数解密 JWT，解密后就能从载荷（payload）得到用户名，再从用户表查询对应的用户信息即可。

（3）在解密过程中，如果出现异常提示 Signature has expired，那么说明 JWT 已过有效期。

（4）当变量 check 等于 True 时，如果请求头没有 token，则程序返回登录提示。

最后在 settings.py 的 MIDDLEWARE 中添加自定义中间件 MyAuthenticationMiddleware 和设置自定义属性 TOKEN_EXP，配置代码如下：

```
# MyDjango 的 settings.py
MIDDLEWARE = [
    ...
    ...
    'MyDjango.myMiddleware.MyAuthenticationMiddleware'
]
TOKEN_EXP = 1800 # JWT 在登录后的 30 分内有效
```

上述示例简单演示了如何在 Django 中使用 JWT 实现用户登录和验证功能，如果 Django 使用 DRF 框架，则可以使用 djangorestframework-jwt 模块创建 JWT。

在分布式会话中，如果用户登录和验证是通过 JWT 实现的，那么每个应用功能应保留自定义中间件 MyAuthenticationMiddleware，这样才能实现用户验证和识别功能；如果要查询详细的用户信息，那么每个应用功能可以连接用户表，或者调用接口获取数据。在大型网站架构中，一般建议采用接口方式获取用户数据，其系统架构如图 10-2 所示。

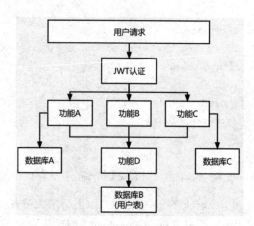

图 10-2　JWT 分布式会话设计

综上所述,分布式会话主要解决不同服务器或不同应用功能之间的 Session 会话或 JWT 的一致性问题,以保证每个服务的用户数据能同步更新。

10.3　缓存概述与问题

缓存是将一个请求的响应内容保存到内存、数据库、文件或者高速缓存系统(Memcache)中,若某个时间内再次接收同一个请求,则不再执行该请求的响应过程,而是直接从内存或者高速缓存系统中获取该请求的响应内容返回给用户。

在单站点架构中,由于网站系统没有太多并发量和数据量,因此缓存功能需求不会过于复杂。但在分布式架构中,缓存(分布式缓存)比单站点架构缓存更为复杂,网站存在高并发和数据频繁读写,需要考虑缓存的数据一致性、穿透、击穿和雪崩等问题,每个缓存问题概述如下:

(1)数据一致性是保证缓存服务器和数据库的数据能实现同步更新,当数据库的数据发生变更时,缓存服务器的数据也应随之更新。

在实现过程中很容易出现数据不一致问题,例如先更新数据库,再更新缓存,当用户 A 和 B 并发更新同一条数据时,如果最终以用户 B 更新的数据为准,那么缓存也有可能保存用户 A 更新的数据,只要用户 B 更新缓存的速度比用户 A 快,缓存就会保存用户 A 更新的数据。

(2)缓存穿透是查询某条不存在的数据,每次的查询请求都会直接从数据库查找,并且不会生成相应的缓存数据。

例如查询 id=99999 的商品信息,如果在商品表找不到对应的数据,一般情况下不会创建相应的缓存数据,重复查询会对服务器造成负载压力。缓存穿透常见的解决方案是缓存空对象和布隆过滤器拦截，分别说明如下：

- 缓存空对象是对不存在的数据自动生成缓存数据，减少数据库的读写操作，并且设置一个较短的过期时间，确保不会占用缓存服务器的太多内存空间。
- 布隆过滤器拦截会将存在的数据提前保存，例如商品表的 id 在 1~100，如果收到 id=99999 的商品查询请求，程序就会对请求拦截，无须再执行数据库操作。

（3）缓存击穿也称为热点 Key 问题，它是指某一条数据在缓存中失效（一般是缓存时间到期）时，如果多个用户并发访问同一个请求，由于没有相应的缓存数据，只能到数据库读取数据，因此会引起数据库压力瞬间增大。缓存击穿常见的解决方案是设置缓存永不过期和设置互斥锁，分别说明如下：

- 设置缓存永不过期需要根据缓存技术而定，如果使用 Memcache 实现缓存功能，就需要定期更新缓存数据，因为 Memcache 的最大有效时间是 30 天，过期数据可以通过消息队列定期更新；如果使用 Redis 实现缓存功能，那么数据在默认情况下是永不过期的。
- 设置互斥锁是对多个相同请求只执行一次数据查询操作，当请求 A 和 B 同时并发时，假设 A 的请求时间比 B 早（如早几毫秒或几微秒），后端应用就会对 A 执行加锁处理，导致后面的请求出现阻塞等待，在加锁过程中，程序根据请求 A 创建相应的缓存数据，创建成功后执行解锁处理，让后面相同的请求能直接读取缓存数据。

（4）缓存雪崩是指缓存中有大量数据到了过期时间，导致数据库需要查询大量数据，引起数据库压力瞬间增大。缓存雪崩与缓存击穿的区别在于，缓存击穿是并发查询同一条数据，缓存雪崩是不同数据出现过期失效。

缓存雪崩常见的解决方案是设置缓存永不过期、设置互斥锁、随机设置缓存数据的过期时间，防止同一时间有大量数据出现过期失效。

10.4 分布式缓存技术选型

前面了解了常见的缓存问题，本节讲述分布式缓存的主要技术：Memcache 和 Redis。

Memcache 是一个高性能分布式的内存对象缓存系统，而 Memcached 是 Memcache 服务器端的主程序文件名，它在内存中通过维护一张哈希表就能存储各种格式的数据，包括图像、视频、文件以及数据库检索结果等，并且使用多线程处理模式，不会出现某次处理过慢而导致其他请求排队等待的情况，其操作流程如图 10-3 所示。

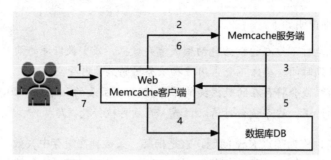

图 10-3 Memcache 操作流程

我们分析图 10-3 得知:

(1) 网站的后端应用视为 Memcache 客户端,并且连接 Memcache 服务端,当后端应用收到用户的访问请求时,首先从 Memcache 服务端检测是否已存在缓存数据,若存在,则直接从 Memcache 服务端获取数据作为响应内容,整个过程不再对数据库执行读写操作,其执行路径为 1→2→3→7。

(2) 如果用户的响应内容不在 Memcache 服务端,那么后端应用执行数据库读写操作,将数据库的处理结果返回给用户,并且同时保存在 Memcache 服务端,其执行路径为 1→2→4→5→7→6。

(3) 如果用户请求是执行数据写入操作,后端应用每次执行数据库写入操作,必须同时更新 Memcache 服务端的缓存数据,确保数据库和缓存服务端的数据一致性,其执行路径为 1→4→5→7→6。

由于 Memcache 服务端将数据存储在内存中,因此重启 Memcache 或操作系统会导致数据丢失。此外,当 Memcache 服务端的内存空间耗尽之后,会根据 LRU(Least Recently Used,最近最少使用)策略和到期失效策略,分别替换失效数据和最近未使用数据。

Memcache 没有集群模式,如果搭建 Memcache 集群架构,除了部署多台 Memcache 服务端之外,后端应用还需要实现分布式算法。由于多台 Memcache 服务端的数据无法共享,说明 Memcache 的数据无法实现自动同步,因此后端应用必须根据请求信息自动寻找对应的 Memcache 服务端获取数据。

例如商品 A 的评论数据存放在 Memcache 服务端 A,商品 B 的评论数据存放在 Memcache 服务端 B,当用户查看商品 A 的评论内容时,后端应用必须根据用户请求自动从 Memcache 服务端 A 获取数据。

Redis 不是所有数据都一直存储在内存中,即使重启 Redis 或操作系统也不会丢失所有数据,并且它能搭建集群结构,但它使用单线程处理模式,如果当前指令操作过慢,就会阻塞其他指令执行，其操作流程与 Memcache 操作流程（见图 10-3）相同。

使用 Redis 实现缓存功能，默认情况下会设置缓存永不过期。如果要设置缓存的有效期，当缓存数据到了过期时间时，数据就要重新从数据库获取，这样看上去好像没有太大问题，但试想一下，当过期数据量达到一定程度时，数据库的读写压力会瞬间暴涨，从而引发缓存击穿问题。

在实际技术选型中，没有规定 Memcache 和 Redis 只能二选一，两者可以组合使用，并且在功能上能够取长补短。以商品排行榜信息为例，架构设计思路说明如下：

（1）当系统收到用户的排行榜查看请求时，根据请求信息从 Redis 获取相应数据的 id 列表。

（2）Redis 只存储排行榜每个商品的 id 和评分，由于排行榜可以根据评分高低进行排序，因此排序过程也可以在 Redis 中实现。

（3）系统从 Redis 得到 id 列表之后，再从 Memcache 获取商品的详细信息，并将数据组装处理返回给用户。

（4）在整个架构中，Redis 只存储商品的关键信息，同时实现数据查询、排序、分页等简单操作，这是利用 Redis 的单线程和丰富的数据结构特性实现的；Memcache 负责存储商品的详细信息，如图片、商品描述、评论内容等，这是利用 Memcache 的多线程处理特性实现的，不会因出现某个指令处理过，而导致其他请求排队的情况，比较适合存储数据的文本信息。

如果使用 Django 作为后端 Web 框架，那么建议直接使用 Django 内置缓存功能，它提供 5 种不同的缓存方式，每种缓存方式说明如下。

- Memcache：一个高性能的分布式内存对象缓存系统，用于动态网站，以减轻数据库负载。通过在内存中缓存数据和对象来减少读取数据库的次数，从而提高网站的响应速度。使用 Memcache 需要安装 Memcached 系统服务器，Django 通过 python-memcached 或 pylibmc 模块调用 Memcached 系统服务器，实现缓存读写操作，适合超大型网站使用。
- 数据库缓存：缓存信息存储在网站数据库的缓存表中，缓存表可以在项目的配置文件中配置，适合大中型网站使用。
- 文件系统缓存：缓存信息以文本文件格式保存，适合中小型网站使用。
- 本地内存缓存：Django 默认的缓存保存方式，将缓存存放在计算机的内存中，只适用于项目开发测试。
- 虚拟缓存：Django 内置的虚拟缓存，实际上只提供缓存接口，不能存储缓存数据，只适用于项目开发测试。

每种缓存方式都有一定的适用范围，因此选择缓存方式需要结合网站的实际情况而定。若在项目中使用缓存机制，则首先在配置文件 settings.py 中设置缓存的相关配置。每种缓存方式的配置如下：

```python
# Memcached 配置
# BACKEND 用于配置缓存引擎，LOCATION 是 Memcached 服务器的 IP 地址
# django.core.cache.backends.memcached.MemcachedCache
# 使用 python-memcached 模块连接 Memcached
# django.core.cache.backends.memcached.PyLibMCCache
# 使用 pylibmc 模块连接 Memcached
CACHES = {
    'default': {
        'BACKEND':'django.core.cache.backends.memcached.MemcachedCache',
        # 'BACKEND':'django.core.cache.backends.memcached.PyLibMCCache,
        'LOCATION': [
            '172.19.26.240:11211',
            '172.19.26.242:11211',
        ]
    }
}


# 数据库缓存配置
# BACKEND 用于配置缓存引擎，LOCATION 是数据表的命名
CACHES = {
    'default': {
        'BACKEND': 'django.core.cache.backends.db.DatabaseCache',
        'LOCATION': 'my_cache_table',
    }
}


# 文件系统缓存
# BACKEND 用于配置缓存引擎，LOCATION 是文件保存的绝对路径
CACHES = {
    'default': {
        'BACKEND':'django.core.cache.backends.filebased.FileBasedCache',
        'LOCATION': 'D:/django_cache',
    }
}


# 本地内存缓存
# BACKEND 用于配置缓存引擎，LOCATION 对存储器命名，用于识别单个存储器
CACHES = {
    'default': {
        'BACKEND':'django.core.cache.backends.locmem.LocMemCache',
        'LOCATION': 'unique-snowflake',
```

```
    }
}

# 虚拟缓存
# BACKEND 用于配置缓存引擎
CACHES = {
    'default': {
        'BACKEND':'django.core.cache.backends.dummy.DummyCache',
    }
}
```

上述缓存配置只是基本配置，也就是说缓存配置的参数 BACKEND 和 LOCATION 是必选参数，其余的配置参数可自行选择。如果在 Django 中使用 Redis 实现缓存，则必须借助第三方模块 django-redis 实现，其功能配置如下：

```
CACHES = {
    "default": {
        "BACKEND": "django_redis.cache.RedisCache",
        "LOCATION": "redis://127.0.0.1:6379/0",
        "OPTIONS": {
            "CLIENT_CLASS": "django_redis.client.DefaultClient",
            "PASSWORD": "xxx"
        }
    }
}
```

上述示例只讲述了 Django 内置缓存功能配置，此外还包括缓存管理（增、删、改、查）和异步支持，可以满足大部分功能需求，详细内容建议参考官方文档和查看源码。

10.5　了解分布式消息队列

消息队列（Message Queue，MQ）是利用高效可靠的消息传递机制进行与平台无关的数据交流，并且基于数据通信来进行分布式系统的集成，也是在消息传输过程中保存消息的容器。消息队列本质上是一个队列，而队列中存放的是一条条消息。

队列是一个数据结构，具有先进先出的特点，而消息队列就是将消息放到队列中，用队列做存储消息的介质。消息的发送方称为生产者，消息的接收方称为消费者。

消息队列主要由 Broker（消息服务器，核心部分）、Producer（消息生产者）、Consumer（消息消费者）、Topic（主题）、Queue（队列）和 Message（消息体）组成。

消息队列主要实现网站系统的流量削峰、应用解耦和异步通信，每个功能详细说明如下：

（1）流量削峰是在高并发情况下进行的，主要解决业务处理的峰值问题，业务可以通过请求异步处理，在负载高峰期降低峰值，从而避免系统瘫痪。

以秒杀活动为例，这类活动一般不会持续太长时间，但这段时间内的数据库读写请求会骤然暴涨，对于网站系统来说，增设服务器设备和扩展数据库集群是解决方案之一，但是活动时间太短，这种解决方案只会加大运营成本。除此之外，我们还可以使用消息队列限制数据库读写请求，以 Django 为例，具体实现过程如下：

- 后端收到用户请求不是直接执行视图函数，而是将用户请求写入消息队列，并对用户提示"秒杀结果计算中"。
- 视图函数从消息队列获取消息进行消费，根据用户请求信息执行相应的数据库读写处理。
- 由于用户仍处于"秒杀结果计算中"状态，因此前端与后端可以通过轮询或 WebSocket 方式通知用户是否秒杀成功。

（2）应用解耦是降低应用之间的耦合性，在分布式架构中，每个应用的功能或服务之间是单独部署的，数据库也是独立分开的，如果涉及应用之间的数据或业务交互，通常使用 API 或 RPC 方式实现数据通信，此外还可以使用消息队列实现数据通信。

使用消息队列实现应用之间的数据通信，每个应用必须既是消费者又是生产者，这样能使应用之间实现双向通信，例如应用 A 在消息队列 A 生产数据，其他应用从消息队列 A 消费数据，应用 B 在消息队列 B 生产数据，其他应用从消息队列 B 消费数据，以此类推，其架构设计如图 10-4 所示。

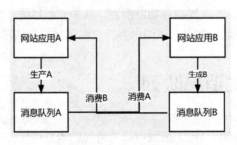

图 10-4　应用解耦

（3）异步通信是减少系统执行业务的处理时间，提高响应速度和系统吞吐量，它与流量削峰的实现原理相同，都是利用消息队列的异步特性。

例如将数据库写入操作交给消息队列来完成，以 Django 为例，视图函数作为消息队列的生产者，将所有请求信息写入消息队列，并对请求做出响应处理，在整个过程中，视图函数无须执行数据库操作，从而提高了响应速度和系统吞吐量。当消息队列的消费者收到信息之后就开始消费，每次消费将相应信息写入数据库并更新缓存，其架构设计如图 10-5 所示。

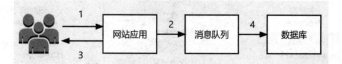

图 10-5　异步通信

目前常用的消息队列有 ActiveMQ、Kafka、RocketMQ、RabbitMQ 等，具体说明如下：

（1）ActiveMQ 是 Apache 软件基金会研发并开源的消息队列中间件，它是以 Java 语言开发的，只要操作系统能支持 Java 虚拟机，ActiveMQ 便可执行。ActiveMQ 的单机吞吐量每秒万级，时效性是毫秒级，基于主从架构实现高可用性和消息可靠性，丢失数据的概率较低，并且支持多种语言，支持 Spring2.0 的特性，支持多种传送协议，但官方社区现在的维护越来越少，社区活跃度不高。

（2）Kafka 也是由 Apache 软件基金会开发的一个开源流处理平台，由 Scala 和 Java 编写。Kafka 是一种高吞吐量的分布式发布订阅消息系统，它可以处理消费者在网站中的所有动作流数据。Kafka 单机吞吐量每秒百万级，时效性是毫秒级，数据不会丢失，但容易产生消息乱序，消费失败不支持重试，社区更新较慢。

（3）RocketMQ 是阿里巴巴开源的分布式消息队列中间件，它使用 Java 语言开发，支持事务消息、顺序消息、批量消息、定时消息、消息回溯等。RocketMQ 单机吞吐量十万级，时效性是毫秒级，消息可以做到零丢失，支持 10 亿级别的消息堆积，但社区活跃度一般。

（4）RabbitMQ 是使用 Erlang 编写的一个开源的消息队列中间件，它具有高可靠性、灵活路由功能、消息集群、高可用、跟踪机制和插件机制等。RabbitMQ 单机吞吐量万级，时效性是微秒级，支持多种编程语言使用。

综上所述，每一种消息队列中间件都具备流量削峰、应用解耦和异步通信，不同消息队列中间件在功能和性能上差异不大，在选择消息队列中间件时要考虑官方维护程度、社区活跃度以及开发人员对消息队列中间件的熟练程度等。

10.6　Kafka 简述与安装

Kafka 是目前较为常用的消息队列中间件之一，本书将讲述如何在 Python 中使用 Kafka 实现消息队列功能。在实战开发之前，我们必须了解 Kafka 的基本组成架构和相关概念。Kafka 主要由 Producer、Broker、Consumer 和 ZooKeeper 组成，其架构如图 10-6 所示。

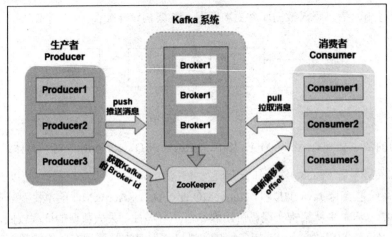

图 10-6　Kafka 系统架构图

图 10-6 的每个组件负责实现不同的功能，每个组件详细说明如下：

- Producer 是消息生产者，通过应用程序向 Kafka 的服务器（Broker）发送数据。
- Broker 代表一台 Kafka 服务器，Kafka 集群由多个 Broker 组成的。一个 Broker 包含一个或多个队列（Topic），每个队列包含一个或多个分区（Partition），生产者生产的数据都是存储在分区里面的。
- Consumer 是消息消费者，通过应用程序从 Kafka 的 Broker 获取数据。Consumer 还有用户组(Consumer Group,CG)功能，这是实现一个队列的消息广播(发给所有的 Consumer)和单播（发给任意一个 Consumer）的手段。
- ZooKeeper 负责维护整个 Kafka 集群的状态，存储 Kafka 各个服务器节点的信息及状态，实现 Kafka 集群高可用和协调 Kafka 的运行工作。

Kafka 可以实现集群模式，多台 Kafka 服务器（Broker）之间是通过分区副本实现数据同步的，其架构如图 10-7 所示。

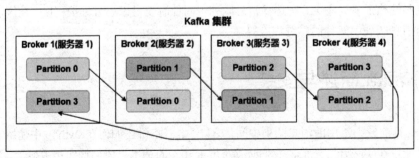

图 10-7　Kafka 集群架构

Kafka 集群的数据同步是通过副本方式实现，详细说明如下：

- Kafka 集群的分区（Partition）副本数（Replication Factor）在默认情况下等于 Kafka 服务器的数量。
- 每个分区允许有多个副本，副本分为主副本（Leader）和从副本（Follower），同一个分区只有一个主副本，并且有多个从副本。
- 主副本负责分区的数据读写操作，从副本负责从主副本同步更新数据，处于同步状态的从副本称为当前可用的副本（In Sync Replicas，ISR）。
- 当主副本出现异常时，Kafka 在从副本选举出一个新的主副本。

了解 Kafka 的相关概念之后，下一步是搭建 Kafka 运行环境，它支持 Windows、macOS 和 Linux 操作系统。由于 Kafka 依赖 Java 和 ZooKeeper，因此搭建 Kafka 之前必须搭建 Java 和 ZooKeeper 环境。

关于 Java 的搭建这里不进行详细讲述，我们直接从 ZooKeeper 的搭建开始介绍。以 Windows 操作系统为例，首先从官网下载 ZooKeeper 安装包，然后下载安装包，最后分别对两个安装包解压并存放在 E 盘的 kafka 文件夹，如图 10-8 所示。

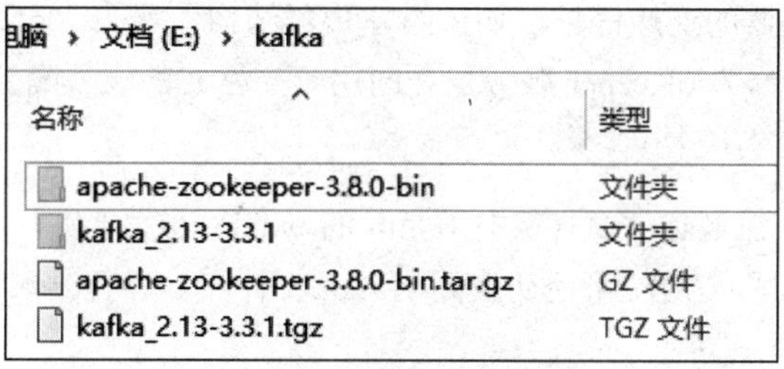

脑 > 文档 (E:) > kafka	
名称 ^	类型
apache-zookeeper-3.8.0-bin	文件夹
kafka_2.13-3.3.1	文件夹
apache-zookeeper-3.8.0-bin.tar.gz	GZ 文件
kafka_2.13-3.3.1.tgz	TGZ 文件

图 10-8　下载解压安装包

下一步是配置并运行 ZooKeeper，首先在 ZooKeeper 文件夹打开 conf 文件夹，找到 zoo_sample.cfg 文件并复制创建 zoo.cfg 文件，然后打开编辑 zoo.cfg 文件，分别写入以下配置：

```
dataDir=E:\\kafka\\apache-zookeeper-3.8.0-bin\\data
dataLogDir=E:\\kafka\\apache-zookeeper-3.8.0-bin\\log
```

上述配置的 dataDir 用于设置运行数据的保存路径，dataLogDir 用于设置日志数据的保存路径。从配置文件可以看到，ZooKeeper 默认以 2181（clientPort=2181）端口运行，只要修改 clientPort 就能改变 ZooKeeper 运行端口，如果想了解更多 ZooKeeper 的功能配置，建议参考官方文档。

我们在 ZooKeeper 文件夹打开 bin 文件夹，再从 bin 文件夹中找到并运行 zkServer.cmd 启动 ZooKeeper 服务器，如果是 Linux 或 macOS 操作系统，则运行 zkServer.sh 文件。ZooKeeper 服务器启动后，切勿关闭运行窗口，其运行界面如图 10-9 所示。

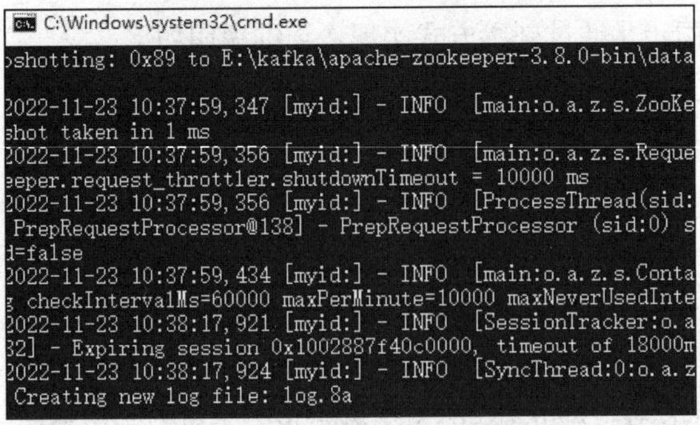

图 10-9　ZooKeeper 运行界面

最后配置并运行 Kafka，首先在 Kafka 文件夹打开 conf 文件夹，然后找到并打开编辑文件 server.properties，再找到配置属性 log.dirs 和 zookeeper.connect，分别编写配置信息，配置如下：

```
log.dirs=E:\kafka\kafka_2.13-3.3.1\kafka-logs
zookeeper.connect=localhost:2181
```

在上述配置中，log.dirs 用于设置 Kafka 日志数据的保存路径；zookeeper.connect 用于设置 Kafka 与 ZooKeeper 服务器的连接信息，如果搭建集群结构，那么 zookeeper.connect 可以设置多台 ZooKeeper 服务器，每台 ZooKeeper 服务器之间用英文格式的逗号隔开。如果想了解更多 Kafka 的功能配置，建议参考官方文档。

Kafka 配置完成后，在 Kafka 文件夹打开 bin 的 windows 文件夹，找到 kafka-server-start.bat 文件。打开 CMD 窗口，将 CMD 路径切换到 Kafka 文件夹，并且输入运行指令启动 Kafka，运行指令如下：

```
E:\kafka\kafka_2.13-3.3.1>.\bin\windows\kafka-server-
start.bat .\config\server.properties
```

Kafka 成功启动后，其运行界面如图 10-10 所示。

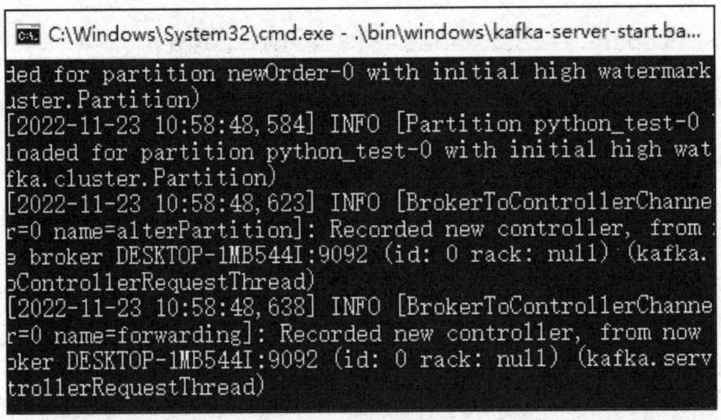

图 10-10　Kafka 运行界面

上述示例只是简单讲述如何在 Windows 操作系统搭建 ZooKeeper 和 Kafka 运行环境,如果使用 macOS 和 Linux 操作系统,其搭建过程与 Windows 大致相同。

如果要搭建集群结构,集群方案可以划分为一台 ZooKeeper 和多台 Kafka、多台 ZooKeeper 和多台 Kafka。搭建集群模式需要在 ZooKeeper 和 Kafka 的配置文件(zoo.cfg 和 server.properties)中编写相应的功能配置,以及启动相应的运行脚本。

10.7　生产者与消费者

Kafka 运行环境搭建成功后,下一步在功能应用中使用 Kafka 实现消息队列。以 Python 为例,连接并操作 Kafka 的第三方模块有 pykafka、kafka-python、confluent-kafka 等,本节将讲述如何使用 kafka-python 实现 Kafka 的生产者和消费者功能。

生产者是往 Kafka 发送数据,数据一般以字节格式表示,使用 kafka-python 实现生产者功能只需实例化 KafkaProducer,然后调用 send()方法即可,示例代码如下:

```python
import json
import time
from kafka import KafkaProducer
# 实例化 KafkaProducer,实现 Kafka 的连接
# bootstrap_servers 是 Kafka 的连接信息
producer = KafkaProducer(bootstrap_servers=["127.0.0.1:9092"])
# 设置 Kafka 的主题
topic = "A1"
for i in range(20):
    d = {"id": str(int(time.time()*1000)+i)}
    # 将字典转换为 JSON 格式,然后转换为字节格式
    data = json.dumps(d, ensure_ascii=True).encode("utf-8")
    # 往主题 A1 发送数据
    # 参数 topic 是必选参数,代表主题名称
    # 参数 value 是必选参数,代表需要发送的数据
    # 参数 partition 是可选参数,代表主题里面的分区,默认为 0
    producer.send(topic=topic, value=data, partition=0)
# 关闭 Kafka 连接
producer.close()
```

分析上述代码得知:

(1)实例化 KafkaProducer 是创建程序与 Kafka 的连接对象,在实例化过程中,我们可以根

据实际需求设置相应参数，实现 Kafka 的功能调整，所有参数以及说明可以查看官方文档或者源码注释。

（2）由实例化对象 producer 调用 send()方法就能往 Kafka 发送数据，send()方法共有 6 个参数，所有参数说明可以查看官方文档或者源码注释；此外，调用 send()之后还可以再调用 add_callback()和 add_errback()实现函数回调和异常处理。

消费者是从 Kafka 获取数据的，由于无法确认生产者在什么时候发送数据，因此消费者建议一直处于运行状态，以监听 Kafka 实时获取的数据。使用 kafka-python 实现消费者功能是实例化 KafkaConsumer，然后遍历实例化对象就能实现 Kafka 监听，示例代码如下：

```
from kafka import KafkaConsumer
import json
consumer = KafkaConsumer("A1", bootstrap_servers=["127.0.0.1:9092"])
for i in consumer:
    # 输出 Kafka 数据
    print(i)
    # 输出生产者发送的数据
    print(json.loads(i.value))
```

消费者的 KafkaConsumer 与生产者的 KafkaProducer 在使用上大致相同，只是实例化参数各不相同，KafkaConsumer 的所有参数以及说明可以查看官方文档或者源码注释。

在上述示例中，如果消费者在执行过程中出现异常而停止运行，再次运行消费者之后，消费者不会从上一次停止的节点获取数据，只会获取再次运行之后所生产的数据。根据这种情况，我们在 KafkaConsumer 中设置实例化参数 group_id 实现数据断点消费，示例代码如下：

```
from kafka import KafkaConsumer
import json
# 数据断点消费必须设置参数 group_id
# 参数 group_id 用于设置用户组
consumer=KafkaConsumer("A1",bootstrap_servers=["127.0.0.1:9092"],group_id='AA')
for i in consumer:
    # 输出 Kafka 数据
    print(i)
    # 输出生产者发送的数据
    print(json.loads(i.value))
```

消费者的实例化参数 group_id 用于设置消费者属于哪个分组，分组名称可自行命名，一个分组允许有一个或多个消费者。在分组模式下，如果消费者程序出现异常或中断，再次运行就能实现断点消费。

除了上述示例之外，消费者还能实现使用偏移量（类似子数据库主键 ID）读取指定数据、手动提交数据消费、订阅主题、超时处理等功能，并且只需在 KafkaConsumer 中设置相应的实例化参数或者调用相应的方法即可实现。

10.8　Kafka 实现商品与订单解耦

我们知道如何使用 Python+Kafka 实现消息队列的生产者和消费者，本节将继续讲述如何在 Django 中实现 Kafka 的消息队列功能。

以商品和订单为例，用户通过查看商品进行购买，购买是根据选购的商品创建相应订单信息的，也就是说，商品和订单之间存在数据关联，详细说明如下：

（1）购买商品的存货量必须大于 0，否则用户无法购买。

（2）用户购买成功（订单创建成功）后，商品的库存量应减去订单购买数量。

在分布式架构中，商品和订单应该是两个独立的应用服务，应用服务之间除了使用 API 或 RPC 实现数据通信之外，我们还能通过消息队列实现，其架构设计如图 10-11 所示。

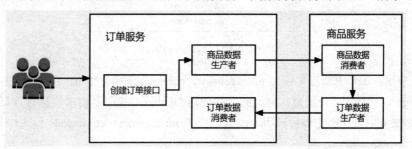

图 10-11　架构设计图

假设网站后端使用 Django 开发，从图 10-11 分析得知：

（1）用户在商品页面单击"购买"按钮的时候将触发创建订单接口，订单接口的视图函数将订单信息写入数据库，然后实例化商品服务的生产者，将订单里面的商品信息发送给商品服务。

（2）当商品服务的消费者收到生产者发送的数据后，消费者根据商品的库存量与订单的购买数量进行库存处理，然后实例化订单服务的生产者，将库存处理结果告诉订单服务。

（3）当订单服务的消费者收到生产者发送的数据后，根据库存处理结果执行订单处理，如果库存数小于购买数，则订单创建失败；如果库存数大于或等于购买数，则订单创建成功。

根据上述架构设计，我们在 E 盘创建 orders 和 products 文件夹，分别代表订单服务和商品服务，然后在每个文件夹中创建 Django 项目，目录如图 10-12 所示。

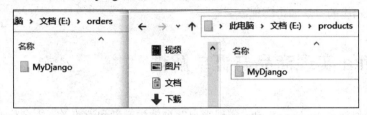

图 10-12   订单和商品的后端目录

首先在 PyCharm 中打开订单服务并创建项目应用 index，然后在 index 中创建文件夹 management 和 management 的子文件夹 commands，最后在 commands 中创建 handler.py，目录结构如图 10-13 所示。

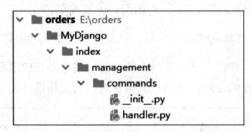

图 10-13   目录结构

在项目应用 index 中创建文件夹 management、commands 和文件 handler.py，主要将消息队列接入 Django 运行环境，让消息队列能够直接使用 Django 的模型和请求信息等数据。重复上述操作，在商品服务中依次创建项目应用 index、文件夹 management、commands 和文件 handler.py。

下一步打开订单服务的 MyDjango 的 urls.py、index 的 urls.py、index 的 models.py 和 views.py，分别定义订单接口的路由、视图函数和模型，定义过程如下：

```python
# MyDjango 的 urls.py
from django.contrib import admin
from django.urls import path, include
urlpatterns = [
    path('', include(('index.urls', 'index'), namespace='index')),
    path('admin/', admin.site.urls),
]



# index 的 urls.py
from django.urls import path
```

```python
from .views import *
urlpatterns = [
    path('order.html', orderView, name='order'),
]



# index 的 models.py
from django.db import models
STATUS = (
    (0, 0),
    (1, 1)
)
class Order(models.Model):
    id = models.AutoField(primary_key=True)
    name = models.CharField('名称', max_length=50)
    quantity = models.IntegerField('购买数量', default=1)
    status = models.IntegerField('状态', choices=STATUS, default=0)
    remark = models.TextField('备注', null=True, blank=True)
    updated = models.DateField('更新时间', auto_now=True)
    created = models.DateField('创建时间', auto_now_add=True)

    def __str__(self):
        return self.name

    class Meta:
        verbose_name = '订单列表'
        verbose_name_plural = '订单列表'



# index 的 views.py
from django.http import JsonResponse
from .management.commands.handler import send_product
from .models import *
from django.forms.models import model_to_dict
def orderView(request):
    name = request.GET.get('name', '')
    quantity = request.GET.get('quantity', 0)
    if name:
        order = Order.objects.create(name=name, quantity=quantity)
        send_product(model_to_dict(order))
    return JsonResponse({'res': 'done'}, safe=False)
```

视图函数 orderView 根据 HTTP 请求信息在模型 Order 中创建订单数据，并且调用商品服务的生产者函数 send_product，将新建的订单信息发送到 Kafka。

最后打开订单服务的 handler.py 文件，分别定义商品生产者函数 send_product 和订单消费者对象 Command，定义过程如下：

```python
# 订单服务的 handler.py
from kafka import KafkaConsumer, KafkaProducer
import json
from django.core.management.base import BaseCommand
from index.models import Order

def send_product(data):
    '''
    商品生产者，向商品应用发送订单信息
    :param data:
    :return:
    '''
    producer = KafkaProducer(bootstrap_servers=['127.0.0.1:9092'])
    # 设置 Kafka 的主题
    topic = 'product'
    # 向主题 product 发送数据
    data = json.dumps(data, ensure_ascii=True).encode('utf-8')
    producer.send(topic=topic, value=data, partition=0)
    producer.close()

class Command(BaseCommand):
    def handle(self, *args, **options):
        '''
        订单消费者
        :return:
        '''
        # 连接 Kafka
        bs = ['127.0.0.1:9092']
        consumer = KafkaConsumer('order',
                                 bootstrap_servers=bs,
                                 group_id='order')
        # 从主题 order 获取数据进行消费
        for i in consumer:
            id = json.loads(i.value).get('id')
            result = json.loads(i.value).get('result')
```

```
            print(id)
            if result:
                order = Order.objects.get(id=id)
                order.status = 1
                order.save()
            else:
                Order.objects.filter(id=id).delete()
```

按照上述操作，在商品服务的 index 的 models.py 中定义模型 Product，在 handler.py 中分别定义订单生产者函数 send_order 和商品消费者对象 Command，定义过程如下：

```python
# index 的 models.py
from django.db import models
STATUS = (
    (0, 0),
    (1, 1)
)


class Product(models.Model):
    id = models.AutoField(primary_key=True)
    name = models.CharField('名称', max_length=50)
    quantity = models.IntegerField('数量', default=1)
    kinds = models.CharField('类型', max_length=20)
    status = models.IntegerField('状态', choices=STATUS, default=1)
    remark = models.TextField('备注', null=True, blank=True)
    updated = models.DateField('更新时间', auto_now=True)
    created = models.DateField('创建时间', auto_now_add=True)


    def __str__(self):
        return self.name


    class Meta:
        verbose_name = '产品列表'
        verbose_name_plural = '产品列表'



# 商品服务的 handler.py
from kafka import KafkaConsumer, KafkaProducer
import json
from django.core.management.base import BaseCommand
```

```python
from index.models import Product

def send_order(data):
    '''
    订单生产者，向订单应用发送商品信息
    :param data:
    :return:
    '''
    producer = KafkaProducer(bootstrap_servers=['127.0.0.1:9092'])
    # 设置 Kafka 的主题
    topic = 'order'
    # 向主题 order 发送数据
    data = json.dumps(data, ensure_ascii=True).encode('utf-8')
    producer.send(topic=topic, value=data, partition=0)
    producer.close()


class Command(BaseCommand):
    def handle(self, *args, **options):
        '''
        商品消费者
        :return:
        '''
        bs = ['127.0.0.1:9092']
        consumer = KafkaConsumer('product',
                                 bootstrap_servers=bs,
                                 group_id='product')
        for i in consumer:
            status = json.loads(i.value).get('status')
            id = json.loads(i.value).get('id')
            name = json.loads(i.value).get('name')
            quantity = json.loads(i.value).get('quantity')
            if name:
                p = Product.objects.filter(name=name).first()
                # 库存量与购买量对比
                if p.quantity >= int(quantity):
                    p.quantity -= int(quantity)
                    p.save()
                    if not status:
                        # 调用生产者发送数据
```

```
                    send_order({'id': id, 'result': True})
            else:
                # 调用生产者发送数据
                send_order({'id': id, 'result': False})
```

本章示例使用 **SQLite3** 数据库作为数据存储介质，分别对订单服务的模型 **Order** 和商品服务的模型 **Product** 执行数据迁移，在数据库中创建相应的数据表，详细指令如下：

```
# 创建数据迁移文件
E:\products\MyDjango>python manage.py makemigrations
E:\orders\MyDjango>python manage.py makemigrations
# 执行数据迁移
E:\products\MyDjango>python manage.py migrate
E:\orders\MyDjango>python manage.py migrate
```

为了更好地演示示例运行情况，我们使用 Navicat Premium 打开商品服务的 db.sqlite3 文件，找到数据表 index_product 并添加测试数据，如图 10-14 所示。

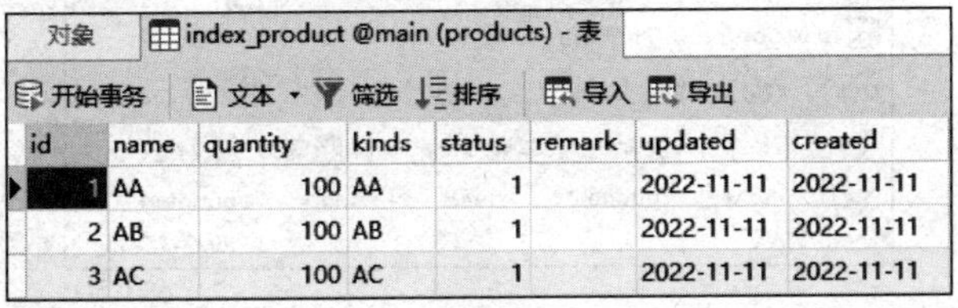

id	name	quantity	kinds	status	remark	updated	created
1	AA	100	AA	1		2022-11-11	2022-11-11
2	AB	100	AB	1		2022-11-11	2022-11-11
3	AC	100	AC	1		2022-11-11	2022-11-11

图 10-14　数据表 index_product

数据添加成功后，在 Kafka 处于正常运行的情况下，分别启动运行商品服务和订单服务，详细的启动指令如下：

```
# 启动运行商品服务
python manage.py runserver 0.0.0.0:8001
# 启动 Django 的 Kafka
python manage.py handler
# 启动运行订单服务
python manage.py runserver 0.0.0.0:8000
# 启动 Django 的 Kafka
python manage.py handler
```

当所有服务成功启动后，在浏览器访问订单服务的路由 order，并且设置请求参数 name 和 quantity，如图 10-15 所示。

图 10-15   访问路由 order

我们使用 Navicat Premium 分别打开订单服务和商品服务的 db.sqlite3，找到并查看数据表 index_order 和 index_product，如图 10-16 所示。

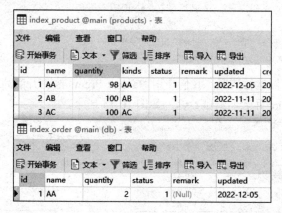

图 10-16   数据表 index_order 和 index_product

分析上述示例得知：

（1）在 Django 中实现消息队列功能，必须在某个项目应用中创建文件夹 management、commands 和文件 handler.py，并且文件夹和文件的命名是固定不变的。

（2）handler.py 可以定义消息队列的生产者和消费者，生产者可以使用函数或类等方式实现定义，定义方式没有硬性要求，但消费者必须以类的方式实现，并且要继承 Django 的 BaseCommand 类，再由类的 handle 方法进行定义。

（3）启动消息队列是通过 python manage.py handler 执行的，其中 handler 代表 handler.py 文件名，Django 自动找到自定义类 Command 并执行 handle 运行消费者，而生产者可以根据业务需要自行在视图函数中调用。

10.9　分布式搜索引擎 Elasticsearch

站内搜索是网站常用的功能之一，其作用是方便用户快速查找站内数据以便查阅。对于一些初学者来说，站内搜索可以使用 SQL 模糊查询实现，从某个角度来说，这种实现方式只适用于个人小型网站，对于企业级的开发，站内搜索是由搜索引擎实现的。

在分布式系统架构中，搜索引擎也称为分布式搜索引擎，目前主流的分布式搜索引擎都是以 Elasticsearch 为主。它是一个分布式、高扩展、高实时的搜索与数据分析引擎，能方便地使大量数据具有搜索、分析和探索的能力，并且充分具备伸缩性，能使数据达到实时搜索、稳定、可靠、快速。

Elasticsearch 基于 Lucene 搜索服务器，并且提供了分布式多用户能力，采用 RESTful API 的架构风格，底层由 Java 语言开发，并在 Apache 许可条款下开放源码，它是一种流行的企业级搜索引擎。

Elasticsearch 的数据结构是面向文档设计的，相关概念说明如下：

（1）Elasticsearch 通常是以集群（Cluster）的名称标识，在一个集群中，可以运行多个节点（Node）。

（2）索引（Index）是拥有相似特征的文档集合，等同于关系型数据库的某个数据库；类型（Type）通常是索引的一个逻辑分类或分区，并且在一个索引中可以存储不同类型的文档，它等同于关系型数据库的数据表。

（3）文档（Document）是可以被索引的基本数据单元，等同于关系型数据库的数据表的一行数据；字段（Field）是组成文档的最小单位，相当于关系型数据库的数据表的一列数据。

（4）映射（Mapping）定义一个文档以及文档字段如何被存储和索引的过程，相当于关系型数据库的 Schema。

（5）分片是将一个完整的索引分成多个分片，这样可以把一个索引拆分成多个，分布在不同节点上构成分布式搜索。分片数量只能在索引创建前设置，并且索引创建后不能更改。一个分片可以是主分片或副分片，主分片具备读写功能，副分片只有读取功能，主副分片等同于 MySQL 的主从结构，主要构成 Elasticsearch 集群功能。

由于本书篇幅有限，关于 Elasticsearch 底层架构原理（读写数据过程、如何实现快速索引）不再一一讲述，建议读者自行搜索相关资料查阅。

接下来讲述如何搭建 Elasticsearch 运行环境，由于 Elasticsearch 是由 Java 语言开发的，因此安装 Elasticsearch 之前必须安装 JDK（至少 1.8 及以上版本）并配置系统的环境变量。

打开官方网站，选择并下载相应操作系统的安装包，如图 10-17 所示。

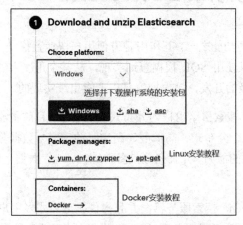

图 10-17   Elasticsearch 官方网站下载页面

以 Windows 操作系统为例，下载 Windows 版本的安装包并放在 E 盘进行解压，解压后的文件信息如图 10-18 所示。

此电脑 › 文档 (E:) › elasticsearch › elasticsearch ›		
名称	类型	大小
bin	文件夹	
config	文件夹	
data	文件夹	
jdk	文件夹	
lib	文件夹	
logs	文件夹	
modules	文件夹	
plugins	文件夹	
LICENSE.txt	文本文档	4 KB
NOTICE.txt	文本文档	2,184 KB
README.asciidoc	ASCIIDOC 文件	8 KB

图 10-18   目录结构

查看图 10-18，Elasticsearch 文件目录说明如下：

（1）bin 存放可执行文件，例如启动 Elasticsearch、安装插件等运维脚本。

（2）config 存放 elasticsearch.yml（Elasticsearch 配置文件）、jvm.options（JVM 配置文件）、日志配置文件等。

（3）data 用于存储索引数据。

（4）jdk 存放 JDK 文件。

（5）lib 存放源码 JAR 包。

（6）logs 存放日志文件。

（7）modules 存放内置功能模块，如 x-pack 模块等。

（8）plugins 存放自行安装的第三方插件。

下一步打开 config 的 elasticsearch.yml，将配置属性 xpack.security.enabled 改为 false，如图 10-19 所示。

图 10-19　修改配置属性

最后在图 10-18 中打开 bin 文件夹，找到并双击运行 elasticsearch.bat 文件，启动 Elasticsearch。在浏览器访问 http://127.0.0.1:9200/查看 Elasticsearch 是否正常运行，如图 10-20 所示。

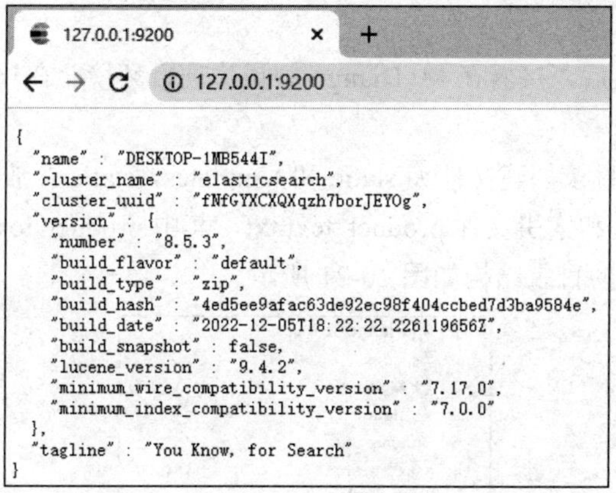

图 10-20　Elasticsearch 运行信息

上述示例只演示了 Elasticsearch 单节点的搭建过程，如果要搭建集群模式，实现过程主要在配置文件 elasticsearch.yml 中编写相应配置属性。总的来说，Elasticsearch 与 Kafka 的安装配置十分相似，并且两者都是开箱即用的功能组件，后端应用只需连接和调用相应接口即可。

此外，Elasticsearch 通过安装插件扩展功能，插件包含核心插件和第三方插件，两者说明如下：

（1）核心插件由官方团队和社区成员共同开发，插件随着 Elasticsearch 版本同步升级，官方插件列表可以查阅 github.com/elastic/elasticsearch/tree/master/plugins。

（2）第三方插件由开发者或者第三方组织自主开发，它们拥有自己的许可协议，但随着 Elasticsearch 版本升级，这些插件可能与 Elasticsearch 新版本存在兼容性问题。

如果想进一步了解 Elasticsearch 的应用，可以尝试搭建 ELK 日志分析系统，它由 Elasticsearch（日志的存储、创建和建立索引搜索）、Logstash（日志收集、输出以及格式化）、Kibana（查看日志）三个开源软件组成，这是一套完整的日志收集、分析和展示的企业级解决方案。

10.10　Elasticsearch 实现产品搜索

Elasticsearch 搭建成功后，下一步将 Elasticsearch 和后端应用进行对接。如果后端使用 Django 开发，那么可以使用 Django Haystack 实现 Elasticsearch 与 Django 的对接。

Django Haystack 是一个专门提供搜索功能的 Django 第三方应用，它支持 Solr、Elasticsearch、Whoosh 和 Xapian 等多种搜索引擎。我们通过 pip 指令分别安装 Django Haystack 和 elasticsearch 模块，安装指令如下：

```
pip install django-haystack
pip install elasticsearch
```

完成上述模块的安装后，接着在 MyDjango 中搭建项目环境。在项目应用 index 中添加文件 search
_indexes.py，在项目的根目录创建文件夹 static 和 templates，static 存放 CSS 样式文件，templates 存放模板文件 search.html 和索引文件 product_text.txt，其中 product_text.txt 需要存放在特定的文件夹中。整个 MyDjango 的目录结构如图 10-21 所示。

图 10-21　MyDjango 的目录结构

MyDjango 的项目环境创建了多个文件和文件夹，每个文件与文件夹负责实现不同的功能，详细说明如下。

（1）search_indexes.py：定义模型的索引类，使模型的数据能被搜索引擎搜索。

（2）static：存放模板文件 search.html 的网页样式 common.css 和 search.css。

（3）search.html：搜索页面的模板文件，用于生成网站的搜索页面。

（4）product_text.txt：搜索引擎的索引文件，文件命名以及路径有固定格式，如 /templates/search/indexes/项目应用的名称/模型名称（小写）_text.txt。

完成 MyDjango 项目的环境搭建后，下一步在 settings.py 中配置站内搜索引擎 Django Haystack。在 INSTALLED_APPS 中引入 Django Haystack 以及设置该应用的功能配置，具体的配置信息如下：

```python
# MyDjango 的 settings.py
INSTALLED_APPS = [
    'django.contrib.admin',
    'django.contrib.auth',
    'django.contrib.contenttypes',
    'django.contrib.sessions',
    'django.contrib.messages',
    'django.contrib.staticfiles',
    'index',
    # 配置 Haystack
    'haystack',
]
# 配置 Haystack
# 支持连接多个搜索引擎
# 参考官方文档:
HAYSTACK_CONNECTIONS = {
    'default': {
        # 设置搜索引擎
        'ENGINE': 'haystack.backends.
                elasticsearch7_backend.Elasticsearch7SearchEngine',
        'URL': 'http://127.0.0.1:9200/',
        'INDEX_NAME': 'index', # 可以自行命名
    },
}
# 设置每页显示的数据量
HAYSTACK_SEARCH_RESULTS_PER_PAGE = 10
# 当数据库改变时，会自动更新索引，非常方便
```

```
HAYSTACK_SIGNAL_PROCESSOR = 'haystack.signals.RealtimeSignalProcessor'
```

除了 Django Haystack 的功能配置之外，还需要配置项目的静态资源文件夹 static、模板文件夹 templates 和数据库连接方式，具体的配置过程不再详细讲述。

下一步在 index 的 models.py 中定义模型 Product，模型设有 4 个字段，主要记录产品的基本信息，如产品名称、重量和描述等。模型 Product 的定义过程如下：

```python
# index 的 models.py
from django.db import models
# 创建产品信息表
class Product(models.Model):
    id = models.AutoField('序号', primary_key=True)
    name = models.CharField('名称',max_length=50)
    weight = models.CharField('重量',max_length=20)
    describe = models.CharField('描述',max_length=500)
    # 设置返回值
    def __str__(self):
        return self.name
```

然后在 PyCharm 的 Terminal 中为 MyDjango 项目执行数据迁移，使用 Navicat Premium 打开 MyDjango 的 db.sqlite3 数据库文件，在数据表 index_product 中添加产品信息，如图 10-22 所示。

id	name	weight	describe
1	荣耀V10	172g	华为荣耀V10是荣耀旗下一款智能手机，2017年11月
2	HUAWEI nova	169g	华为nova 2s，是华为手机旗下的一款智能手机。搭载
3	荣耀Waterplay	465g	荣耀Waterplay是荣耀首款防水平板，注重创新和研发
4	荣耀畅玩平板	460g	畅玩平板Note采用了较为洁净的白色面板，平板顶部
5	PORSCHE DESI	64g	Porsche Design集团(Porsche Lizenz- und Handel
6	华为运动手环	21g	华为手环B2，即TalkBand B2，是华为公司于2015年
7	荣耀移动电源10	210g	2016年6月16日，荣耀发布首款9V2A双向快充移动电
8	荣耀体脂秤	1850g	荣耀于2017年6月12日在上海东方体育中心正式发布
9	华为荣耀V90华	120g	荣耀V9采用的是 5.7英寸的 2K 分辨率屏幕，屏占比达
10	我的iPhoneX	172g	iPhone X属于高端版机型，采用全新设计，搭载色彩

图 10-22　数据表 index_product

完成上述配置后，我们可以在 MyDjango 中实现站内搜索引擎的功能开发。首先创建搜索引擎的索引，创建索引主要是为了使搜索引擎快速找到符合条件的数据，索引就像是书本的目录，可以为读者快速地查找内容，在这里也是同样的道理。当数据量非常大的时候，要从这些数据中找出所有满足搜索条件的数据是不太可能的，并且会给服务器带来极大的负担，所以我们需要为指定的数据添加一个索引。

索引是在 search_indexes.py 中定义的，然后由指令执行创建过程。以模型 Product 为例，在

search_indexes.py 中定义该模型的索引类，代码如下：

```
# index 的 search_indexes.py
from haystack import indexes
from .models import Product
# 类名必须为模型名+Index
# 比如模型为 Product，则索引类为 ProductIndex
class ProductIndex(indexes.SearchIndex, indexes.Indexable):
    text = indexes.CharField(document=True, use_template=True)
    # 设置模型
    def get_model(self):
        return Product
    # 设置查询范围
    # 如果 settings.py 的 HAYSTACK_CONNECTIONS 连接多个搜索引擎
    # 设置参数 using 可以指定某个搜索引擎
    def index_queryset(self, using=None):
        return self.get_model().objects.all()
```

从上述代码来看，在定义模型的索引类 ProductIndex 时，类的定义要求以及定义说明如下：

（1）定义索引类的文件名必须为 search_indexes.py，不得修改文件名，否则程序无法创建索引。

（2）模型的索引类的类名格式必须为"模型名+Index"，每个模型对应一个索引类，如模型 Product 的索引类为 ProductIndex。

（3）字段 text 设置 document=True，代表搜索引擎使用此字段的内容作为索引。

（4）use_template=True 使用索引文件，可以理解为在索引中设置模型的查询字段，如设置 Product 的 describe 字段，这样可以通过 describe 的内容检索 Product 的数据。

（5）类函数 get_model 是将该索引类与模型 Product 进行绑定，类函数 index_queryset 用于设置索引的查询范围。

由上述分析得知，use_template=True 代表使用索引文件进行搜索，索引文件的路径是固定不变的，路径格式为/templates/search/indexes/项目应用名称/模型名称（小写）_text.txt，如 MyDjango 的 templates/search/indexes/index/product_text.txt。我们在索引文件 product_text.txt 中设置模型 Product 的字段 name 和 describe 作为索引检索字段，因此在索引文件 product_text.txt 中编写以下代码：

```
# templates/search/indexes/index/product_text.txt
{{ object.name }}
{{ object.describe }}
```

上述设置是对模型 Product 的字段 name 和 describe 建立索引，当搜索引擎进行搜索时，Django 根据搜索条件对这两个字段进行全文检索匹配，然后将匹配结果排序并返回。

现在只是定义了搜索引擎的索引类和索引文件，下一步根据索引类和索引文件创建搜索引擎的索引数据。创建索引数据之前，我们需要修改 Django Haystack 的源码，目前 Django Haystack 版本只支持 Elasticsearch7，如果使用 Elasticsearch7 以上的版本，需要修改源码文件 Lib\site-packages\haystack\backends\elasticsearch7_backend.py，将版本验证的代码注释掉，如图 10-23 所示。

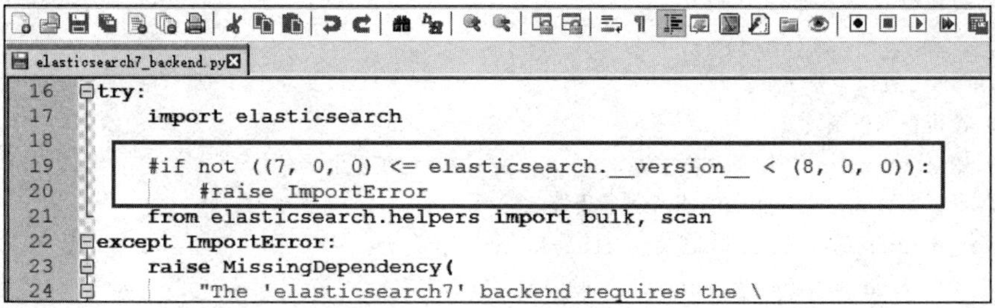

图 10-23　修改源码文件

最后在 PyCharm 的 Terminal 中运行 python manage.py rebuild_index 指令即可创建索引数据，如图 10-24 所示。

```
E:\MyDjango>python manage.py rebuild_index
WARNING: This will irreparably remove EVERYTHING from your search i
Your choices after this are to restore from backups or rebuild via
Are you sure you wish to continue? [y/N] y
Removing all documents from your index because you said so.
All documents removed.
Indexing 10 products
```

图 10-24　创建索引数据

我们在 MyDjango 中定义路由 haystack、视图类 MySearchView 和模板文件 search.html，将 Elasticsearch 的搜索功能与后端应用结合使用。首先在 MyDjango 的 urls.py 和 index 的 urls.py 中定义路由 haystack，代码如下：

```
# MyDjango 的 urls.py
from django.contrib import admin
from django.urls import path,include
urlpatterns = [
    path('',include(('index.urls','index'),namespace='index')),
]
```

```
# index 的 urls.py
from django.urls import path
from .views import MySearchView
urlpatterns = [
    # 搜索引擎
    path('', MySearchView(), name='haystack'),
]
```

路由 haystack 指向视图类 MySearchView，视图类 MySearchView 继承 Django Haystack 定义的视图类 SearchView，它与 Django 内置视图类的定义过程十分相似，这里不再深入分析视图类 SearchView 的定义过程。我们在 index 的 views.py 中定义视图 MySearchView，并且重写父类的方法 get()，自定义视图类 MySearchView 接收 HTTP 的 GET 请求的响应内容，实现代码如下：

```
# index 的 views.py
from django.core.paginator import *
from django.shortcuts import render
from django.conf import settings
from .models import *
from haystack.generic_views import SearchView
# 视图以通用视图实现
class MySearchView(SearchView):
    # 模板文件
    template_name = 'search.html'
    def get(self, request, *args, **kwargs):
        if not self.request.GET.get('q', ''):
            product = Product.objects.all().order_by('id')
            per = settings.HAYSTACK_SEARCH_RESULTS_PER_PAGE
            p = Paginator(product, per)
            try:
                num = int(self.request.GET.get('page', 1))
                page_obj = p.page(num)
            except PageNotAnInteger:
                # 若参数 page 不是整型，则返回第 1 页数据
                page_obj = p.page(1)
            except EmptyPage:
                # 若访问页数大于总页数，则返回最后 1 页的数据
                page_obj = p.page(p.num_pages)
            return render(request,self.template_name,locals())
        else:
            return super().get(*args, request, *args, **kwargs)
```

视图类 MySearchView 指定模板文件 search.html 作为 HTML 网页文件，并且自定义 GET 请

求的处理函数 get()，判断当前请求是否存在请求参数 q，若不存在，则将模型 Product 的全部数据进行分页显示，否则使用搜索引擎全文搜索模型 Product 的数据。

模板文件 search.html 用于显示搜索结果的数据，网页实现的功能包括搜索文本框、产品信息列表和产品信息分页。模板文件 search.html 的代码如下：

```
# templates 的 search.html
<!DOCTYPE html>
<html lang="en">
<head>
<meta charset="UTF-8">
<title>搜索引擎</title>
{# 导入 CSS 样式文件 #}
{% load staticfiles %}
<link rel="stylesheet" href="{% static "common.css" %}">
<link rel="stylesheet" href="{% static "search.css" %}">
</head>
<body>
<div class="header">
<div class="search-box">
<form action="" method="get">
<div class="search-keyword">
{# 搜索文本框必须命名为 q #}
<input name="q" type="text" class="keyword">
</div>
<input type="submit" class="search-button" value="搜 索">
</form>
</div>
</div><!--end header-->

<div class="wrapper clearfix">
<div class="listinfo">
<ul class="listheader">
    <li class="name">产品名称</li>
    <li class="weight">重量</li>
    <li class="describe">描述</li>
</ul>
<ul class="ullsit">
{# 列出当前分页所对应的数据内容 #}
{% if query %}
    {# 导入自带高亮功能 #}
```

```
    {% load highlight %}
    {% for item in page_obj.object_list %}
    <li>
    <div class="item">
    <div class="nameinfo">{% highlight
        item.object.name with query %}</div>
    <div class="weightinfo">{{item.object.weight}}</div>
    <div class="describeinfo">{% highlight
        item.object.describe with query %}</div>
    </div>
    </li>
    {% endfor %}
{% else %}
    {% for item in page_obj.object_list %}
    <li>
    <div class="item">
    <div class="nameinfo">{{ item.name }}</div>
    <div class="weightinfo">{{item.weight}}</div>
    <div class="describeinfo">{{ item.describe }}</div>
    </div>
    </li>
    {% endfor %}
{% endif %}
</ul>
{# 分页导航 #}
<div class="page-box">
<div class="pagebar" id="pageBar">
{# 上一页的路由地址 #}
{% if page_obj.has_previous %}
    {% if query %}
        <a href="{% url 'index:haystack'%}?q={{ query }}
        &page={{ page_obj.previous_page_number }}"
        class="prev">上一页</a>
    {% else %}
        <a href="{% url 'index:haystack'%}?page=
        {{ page_obj.previous_page_number }}"
        class="prev">上一页</a>
    {% endif %}
{% endif %}
{# 列出所有的路由地址 #}
{% for num in page_obj.paginator.page_range %}
```

```
{% if num == page_obj.number %}
    <span class="sel">{{ page_obj.number }}</span>
{% else %}
    {% if query %}
        <a href="{% url 'index:haystack' %}?
        q={{ query }}&page={{ num }}">{{num}}</a>
    {% else %}
        <a href="{% url 'index:haystack' %}?
        page={{ num }}">{{num}}</a>
    {% endif %}
{% endif %}
{% endfor %}
{# 下一页的路由地址 #}
{% if page_obj.has_next %}
    {% if query %}
        <a href="{% url 'index:haystack' %}?
        q={{ query }}&page={{ page_obj.next_page_number }}"
        class="next">下一页</a>
    {% else %}
        <a href="{% url 'index:haystack' %}?
        page={{ page_obj.next_page_number }}"
        class="next">下一页</a>
    {% endif %}
{% endif %}
</div>
</div>
</div>
</div>
</body>
</html>
```

模板文件 search.html 分别使用了模板上下文 page_obj、query 和模板标签 highlight，具体说明如下：

（1）page_obj 来自视图类 MySearchView，这是模型 Product 分页处理后的数据对象。

（2）query 来自 Django Haystack 定义的视图类 SearchView，它的值来自请求参数 q，即搜索文本框的内容。

（3）Highlight 是由 Django Haystack 定义的模板标签，它将用户输入的关键词进行高亮处理。

至此，我们已完成站内搜索引擎的功能开发。运行 MyDjango 并访问 127.0.0.1:8000，网页首先显示模型 Product 的所有数据，在搜索页面的文本框中输入"华为"后，单击"搜索"按钮即可实现模型 Product 的字段 name 和 describe 的全文搜索，如图 10-25 所示。

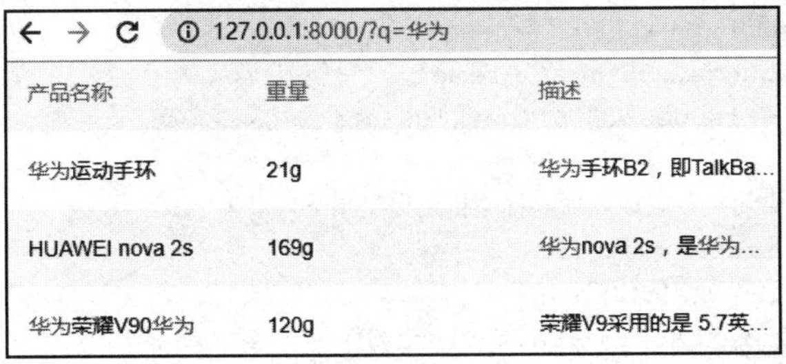

图 10-25　搜索结果

10.11　分布式事务那些事

事务是指由一组操作组成的一个工作单元，这个工作单元具有 ACID 特性，即原子性（Atomicity）、一致性（Consistency）、隔离性（Isolation）和持久性（Durability），每个特性说明如下：

- 原子性是指工作单元的所有操作要么全部成功，要么全部失败。如果有一部分成功和一部分失败，那么执行成功也要全部回滚到执行前的状态。
- 一致性是指执行一次事务会使数据从一个状态转换到另一个状态，执行前后数据都是完整的。
- 隔离性是指在事务执行过程中，任何数据的改变只存在于事务之中，对外界没有影响，事务与事务之间是完全隔离的，只有事务提交后，其他事务才可以查询到最新数据。
- 持久性是指在事务完成后，被处理的数据是永久性存储的，即使发生断电宕机，数据依然存在。

在传统单体应用中，网站系统的所有功能都是在单站点完成开发的，数据也是存储在一个数据库中，而且关系型数据库具备 ACID 特性，通过关系数据库来控制的事务被称为本地事务。

本地事务最常见的是在后台业务中直接使用事务完成相关业务操作，以商品库存和订单为例，当订单创建成功后,商品库存应减去订单购买数量,在单站点架构模式下,其业务逻辑代码如下：

```
from django.http import JsonResponse
from .models import Product, Order
from django.views.decorators.csrf import csrf_exempt
from django.db.models import F
from django.db import transaction
```

```
@csrf_exempt
def orderView(request):
    if request.method == 'POST':
        name = request.POST.get('name', '')
        quantity = request.POST.get('quantity', 0)
        # 开启事务
        # 当 with 语句执行完成以后，程序自动提交事务
        with transaction.atomic():
            # 设置事务回滚的标记点
            sid = transaction.savepoint()
            try:
                p = Product.objects.filter(name=name).first()
                if p:
                    Order.objects.create(name=name,
                                        quantity=int(quantity))
                    # 如果需要在某个操作中保存数据
                    # 可以调用 savepoint() 得到一个新的标记
                    # 即模型 Order 的数据已新增数据成功
                    # new_sid = transaction.savepoint()
                    if p.quantity >= int(quantity):
                        p.quantity -= int(quantity)
                        p.save()
                    else:
                        raise Exception('库存超出购买数量')
            except:
                # 数据回滚到记录点 new_sid
                # transaction.savepoint_rollback(new_sid)
                # 数据回滚到记录点 sid
                transaction.savepoint_rollback(sid)
            finally:
                # 提交 new_sid 到当前位置的数据
                # transaction.savepoint_commit(new_sid)
                # 提交 sid 到当前位置的数据
                transaction.savepoint_commit(sid)
        return JsonResponse({'result': True}, safe=False)
    return JsonResponse({'result': False}, safe=False)
```

从上述代码得知：

（1）视图函数 orderView()通过请求参数获取用户购买商品的名称和购买数量，然后从模型 Product 查询相应的商品信息。

（2）当购买的商品在数据表中时，创建相应的订单信息，并且计算商品库存量与购买数量。

如果库存量大于或等于购买数量，那么商品库存量减去购买数量。

（3）如果库存量小于购买数量，程序就会抛出异常，由关键字 except 的代码执行回滚操作，取消新建订单信息的数据操作。

（4）示例的注释代码只是演示如何使用 transaction 的函数方法，它支持数据手动提交和设置新的回滚记录点。

（5）如果后端应用连接了多个数据库，可以在 transaction 的函数方法 savepoint()、savepoint_commit()和 savepoint_rollback()中设置参数 using，指定某个数据库执行事务操作。

在分布式架构中，商品和订单是两个独立的应用服务，并且数据存放在不同的数据库中，当涉及库存和购买数量的业务计算时，如果服务之间仅通过 API 或 RPC 调用，某个业务操作中出现异常，就会引起数据异常，详细说明如下：

（1）商品库存扣除成功，如果订单服务突然出现异常，就会导致无法更新订单状态。

（2）用户取消订单，如果商品服务出现异常，就会导致无法修改库存数量。

总的来说，分布式应用服务的数据交互和计算必须保证服务之间的每个操作能够完成执行，如果某个操作无法执行，那么所有数据必须回滚至操作之前的状态。

为了保证每个服务之间的数据同步，可以通过分布式事务处理，CAP 理论是分布式事务处理的理论基础，了解 CAP 理论有助于我们研究分布式事务的处理方案。

CAP 理论包括一致性（Consistency）、可用性（Availability）和分区容错性（Partition Tolerance），在一个分布式系统最多只能同时满足 3 项中的两项，详细说明如下：

（1）一致性是指同一份数据在每次读取时都只读取最新状态，在集群模式下，同一份数据在每个数据节点必须保证最新，主要强调数据的一致性。

（2）可用性是指从用户请求都能得到响应，保证不会出现响应错误，但无法保证响应数据是最新数据。

（3）分区容错性是指由于分布式系统通过网络进行通信，因此网络传输具有不可靠性，当出现数据丢失或延迟时，系统仍会继续提供服务。

由于 CAP 最多只能同时满足 3 项中的两项，因此它具备 3 种组合方式，每种组合方式说明如下：

（1）满足 CA 舍弃 P，也就是满足一致性和可用性，舍弃分区容错性。这意味着当前系统不是分布式架构，因为分布式架构是将系统功能拆分并独立部署在不同服务器上。

（2）满足 CP 舍弃 A，也就是满足一致性和分区容错性，舍弃可用性。这意味着系统允许出现访问失效等问题，例如银行转账，必须保证用户 A 和 B 的账号余额同步处理。

（3）满足 AP 舍弃 C，也就是满足可用性和分区容错性，舍弃一致性。这意味着系统在并发访问的时候可能会出现数据不一致的情况，例如购买火车票，原本网页上显示有余票，但购买时却被系统提示没有余票。

在 CAP 理论的基础上引入了 BASE 理论，它用来对 CAP 理论进一步扩充，包含基本可用（Basically Available）、软状态（Soft State）、最终一致性（Eventually Consistent）。其理论的核心思想是：如果分布式系统无法做到一致性，那么每个应用应该根据自身的业务特点采用适当的方式来使系统达到最终一致性。

根据分布式事务的理论基础，目前常见的分布式事务解决方案如下：

（1）两阶段提交（2PC）。

（2）三阶段提交（3PC）。

（3）补偿事务（TCC）。

（4）SAGA 模式。

（5）XA 模式。

（6）本地消息表。

（7）事务消息。

由于本书篇幅有限，我们不再深入分析每个分布式事务解决方案的实现原理，建议读者自行搜索相关资料查阅。

10.12　分布式事务 DTM 实现订单业务

分布式事务解决方案是指导我们如何解决分布式系统的事务问题，但在实际开发中，我们可以根据解决方案编写相应的应用程序，或者使用现有的分布式事务框架。大多数分布式事务框架仅支持 Java，如果后端编程语言不是 Java 语言，那么可以使用 DTM 框架。

DTM 是由 Go 语言开发的分布式事务框架，它支持多种事务模式：两阶段提交（2PC）、补偿事务（TCC）、SAGA 模式、XA 模式、事务消息等，支持多种编程语言：Golang、Python、PHP、Node.js、Java 等，并且提供子事务屏障功能，可以优雅解决幂等、悬挂、空补偿等问题。

　　DTM 的官方文档较为完善，在安装、使用、应用示例和部署运维等方面都有详细介绍，本节讲述如何在 Windows 操作系统使用 Django+DTM 实现订单业务功能。

　　我们从 GitHub 下载 DTM 安装包，根据操作系统类型选择相应的安装包，Windows 操作系统选择下载 dtm_$ver_windows_amd64.tar.gz，如图 10-26 所示。

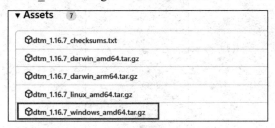

图 10-26　下载安装包

　　安装包下载后执行解压处理，解压后找到 dtm.exe 文件，双击运行 dtm.exe 即可启动 DTM 服务，如图 10-27 所示。

图 10-27　运行 dtm.exe

　　由于 DTM 需要使用数据库存储部分信息，因此通过 MySQL 创建数据库和数据表，SQL 语句可以在 GitHub 找到，如图 10-28 所示。

busi.mongo.js	mongo example updated
busi.mysql.sql	优化mysql脚本
busi.postgres.sql	default no config needed
dtmcli.barrier.mongo.js	update mongo scripts
dtmcli.barrier.mysql.sql	优化mysql脚本
dtmcli.barrier.postgres.sql	fix docker-compose up sql run error
dtmsvr.storage.mysql.sql	workflow support return values
dtmsvr.storage.postgres.sql	feature:topic
dtmsvr.storage.tdsql.sql	merged

图 10-28　SQL 语句文件

下一步打开图 10-28 文件名带有 mysql.sql 的文件，从每个文件中获取相应的 SQL 语句并在 MySQL 中执行，分别创建数据库 dtm、dtm_barrier、dtm_busi 和数据表 kv、trans_branch_op、trans_global、barrier、user_account，如图 10-29 所示。

图 10-29   创建数据库和数据表

DTM 搭建成功后，下一步是在 Django 中接入 DTM 服务。首先使用 pip 指令安装 DTM 模块（pip install dtmcli），模块安装成功后，分别创建服务应用 orders 和 products，并且在 MySQL 中分别创建数据库 orders 和 products。

然后打开 dtmcli 模块的源码文件 barrier.py，将__exit__()的代码注释掉，如图 10-30 所示。如果 DTM 使用 Django 的数据库连接对象操作数据库，DTM 每次调用之后都会释放数据库连接对象，这样会与 Django 造成冲突，程序将会提示异常，因此需要对 DTM 的部分源码执行注释处理。

```
thon39 ) Lib ) site-packages ) dtmcli ) barrier.py

barrier.py ×

1
2    #!/usr/bin/python
3    # -*- coding: UTF-8 -*-
4
5    from dtmcli import utils
6
7    class AutoCursor:
8        def __init__(self, cursor):
9            self.cursor = cursor
10       def __enter__(self):
11           return self.cursor
12       def __exit__(self, type, value, trace):
13           pass
14           # self.cursor.connection.close()    注释代码
15           # self.cursor.close()
16
```

图 10-30   注释代码

使用 PyCharm 打开服务应用 orders，在 settings.py 中设置数据库连接信息并添加自定义属性
DTM，配置信息如下：

```
# settings.py
# 数据库连接信息
DATABASES = {
    'default': {
        'ENGINE': 'django.db.backends.mysql',
        'NAME': 'orders',
        'USER': 'root',
        'PASSWORD': '1234',
        'HOST': '127.0.0.1',
        'PORT': '3306',
    },
}
# 设置 DTM 服务的 IP 访问地址
DTM = "http://localhost:36789/api/dtmsvr"
```

下一步在项目应用 index 的 models.py 中定义模型 Order，并且根据模型执行数据迁移，在数
据库 orders 中创建相应的数据表。模型定义过程如下：

```
# index 的 models.py
from django.db import models

STATUS = (
    (0, 0),
    (1, 1)
)


class Order(models.Model):
    id = models.AutoField(primary_key=True)
    name = models.CharField('名称', max_length=50)
    quantity = models.IntegerField('购买数量', default=1)
    status = models.IntegerField('状态', choices=STATUS, default=0)
    remark = models.TextField('备注', null=True, blank=True)
    updated = models.DateField('更新时间', auto_now=True)
    created = models.DateField('创建时间', auto_now_add=True)

    def __str__(self):
        return self.name

    class Meta:
```

```
        verbose_name = '订单列表'
        verbose_name_plural = '订单列表'
```

最后在 MyDjango 的 urls.py、项目应用 index 的 urls.py 和 views.py 中分别定义路由 order、OrderSaga、OrderCompensate 以及视图函数 orderView、OrderSagaView、OrderCompensateView，详细代码如下：

```python
# 在 MyDjango 的 urls.py
from django.contrib import admin
from django.urls import path, include

urlpatterns = [
    path('', include(('index.urls', 'index'), namespace='index')),
    path('admin/', admin.site.urls),
]

# index 的 urls.py
from django.urls import path
from .views import *

urlpatterns = [
    path('order.html', orderView, name='order'),
    path('OrderSaga/', OrderSagaView, name='OrderSaga'),
    path('OrderCompensate/',OrderCompensateView,name='OrderCompensate'),
]

# index 的 views.py
from django.http import JsonResponse
from .models import *
from dtmcli import saga, barrier
from dtmcli import utils
from django.conf import settings
from django.db import connection
from django.views.decorators.csrf import csrf_exempt
import json

def barrier_from_req(request):
    '''
    获取请求参数
    :param request:
    :return:
```

```python
    '''
    tt = request.GET.get("trans_type")
    gd = request.GET.get("gid")
    bi = request.GET.get("branch_id")
    op = request.GET.get("op")
    return barrier.BranchBarrier(tt, gd, bi, op)


def orderView(request):
    '''
    订单创建接口
    :param request:
    :return:
    '''
    name = request.GET.get('name', '')
    quantity = request.GET.get('quantity', 0)
    req = dict(name=name, quantity=quantity)
    if name:
        # 查询模型 Order 最后一条数据，计算新增数据的主键 ID
        order = Order.objects.order_by('-id').first()
        req['id'] = order.id + 1 if order else 1
        # 使用 SAGA 模式
        s = saga.Saga(settings.DTM, utils.gen_gid(settings.DTM))
        s.add(req, f'http://127.0.0.1:8000/OrderSaga/',
                f'http://127.0.0.1:8000/OrderCompensate/')
        s.add(req, 'http://127.0.0.1:8001/ProductSaga/',
                'http://127.0.0.1:8001/ProductCompensate/')
        s.submit()
    return JsonResponse({'res': 'done'}, safe=False)


@csrf_exempt
def OrderSagaView(request):
    '''
    订单创建服务，执行订单创建业务
    :param request:
    :return:
    '''
    jsonStr = json.loads(request.body)
    jsonStr['status'] = 0
    # connection.cursor().cursor.cursor 是使用 Django 的数据库连接对象
    with barrier.AutoCursor(connection.cursor().cursor.cursor) as cursor:
        def orderCallback(c):
```

```
        try:
            Order.objects.create(**jsonStr)
        except:
            raise Exception("error")
    barrier_from_req(request).call(cursor, orderCallback)
return JsonResponse({'res': 'done'}, safe=False)


@csrf_exempt
def OrderCompensateView(request):
    '''
    订单创建补偿服务，用于回滚订单创建服务
    :param request:
    :return:
    '''
    jsonStr = json.loads(request.body)
    id = jsonStr.get('id', '')
    # connection.cursor().cursor.cursor 是使用 Django 的数据库连接对象
    with barrier.AutoCursor(connection.cursor().cursor.cursor) as cursor:
        def orderCallback(c):
            try:
                Order.objects.filter(id=id).delete()
            except:
                raise Exception("error")
        barrier_from_req(request).call(cursor, orderCallback)
    return JsonResponse({'res': 'done'}, safe=False)
```

分析上述代码得知：

（1）视图函数 orderView 是用户提交订单触发的 API 接口，它调用并实例化 SAGA 对象，再由实例化对象调用 add，设置业务的事务操作。例如用户提交订单，订单创建后，商品库存应减去订单购买数量，这个业务存在两个事务操作：创建订单和商品库存处理，因此 SAGA 对象对 add 进行两次调用：第一次调用是将业务数据 req、路由 OrderSaga 和 OrderCompensate 作为函数参数，以完成订单创建；第二次调用是将业务数据 req、路由 ProductSaga 和 ProductCompensate 作为函数参数，以完成商品库存处理。最后调用 submit 完成整个 SAGA 事务模式。

（2）视图函数 OrderSagaView 是被 DTM 服务调用的，由于视图函数 orderView 的 SAGA 对象调用 add 方法，将路由 OrderSaga 作为参数传入，DTM 将业务数据 req 作为请求参数，以 POST 请求方式访问路由 OrderSaga，因此视图函数 OrderSagaView 将会执行订单创建业务。视图函数 OrderSagaView 的代码结构较为固定，业务处理都是在 with 语句的回调函数 orderCallback 中完成的，并且整个执行过程都是由 DTM 的 barrier 调用相应的函数方法完成的。

（3）视图函数 OrderCompensateView 也是被 DTM 服务调用的，当视图函数 OrderSagaView
或服务应用 products 的视图函数 ProductSagaView 在执行过程中出现异常时，DTM 将调用路由
OrderCompensate，对视图函数 OrderSagaView 的数据操作进行回滚处理。例如视图函数
OrderSagaView 在模型 Order 中新增订单数据，而视图函数 OrderCompensateView 将删除订单数
据，新增和删除订单的数据都来自业务数据 req，我们在业务数据 req 中添加字段 id 主要是给数
据设置唯一标识符，以便执行数据删除处理。

服务应用 orders 只完成订单创建，而商品库存处理应由服务应用 products 完成，因此我们使
用 PyCharm 打开服务应用 products，在 settings.py 中设置数据库连接信息，详细配置信息如下：

```python
# settings.py
DATABASES = {
    'default': {
        'ENGINE': 'django.db.backends.mysql',
        'NAME': 'products',
        'USER': 'root',
        'PASSWORD': '1234',
        'HOST': '127.0.0.1',
        'PORT': '3306',
    },
}
```

然后在项目应用 index 的 models.py 中定义模型 Product，并根据模型执行数据迁移，在数据
库 products 中创建相应数据表。模型定义过程如下：

```python
# index 的 models.py
from django.db import models
STATUS = (
    (0, 0),
    (1, 1)
)


class Product(models.Model):
    id = models.AutoField(primary_key=True)
    name = models.CharField('名称', max_length=50)
    quantity = models.IntegerField('数量', default=1)
    kinds = models.CharField('类型', max_length=20)
    status = models.IntegerField('状态', choices=STATUS, default=1)
    remark = models.TextField('备注', null=True, blank=True)
    updated = models.DateField('更新时间', auto_now=True)
    created = models.DateField('创建时间', auto_now_add=True)
```

```
    def __str__(self):
        return self.name

    class Meta:
        verbose_name = '产品列表'
        verbose_name_plural = '产品列表'
```

　　最后在 MyDjango 的 urls.py、项目应用 index 的 urls.py 和 views.py 中分别定义路由 ProductSaga、ProductCompensate 以及视图函数 ProductSagaView、ProductCompensateView，详细代码如下：

```
# MyDjango 的 urls.py
from django.contrib import admin
from django.urls import path, include

urlpatterns = [
    path('', include(('index.urls', 'index'), namespace='index')),
    path('admin/', admin.site.urls),
]


# index 的 urls.py
from django.urls import path
from .views import *

urlpatterns = [
    path('ProductSaga/', ProductSagaView, name='ProductSaga'),
    path('ProductCompensate/', ProductCompensateView, name='ProductCompensate'),
]


# index 的 views.py
from django.http import JsonResponse
from dtmcli import barrier
from django.db import connection
from django.views.decorators.csrf import csrf_exempt
import json
from .models import *

def barrier_from_req(request):
    '''
    获取请求参数
    :param request:
    :return:
```

```
    '''
    tt = request.GET.get("trans_type")
    gd = request.GET.get("gid")
    bi = request.GET.get("branch_id")
    op = request.GET.get("op")
    return barrier.BranchBarrier(tt, gd, bi, op)


@csrf_exempt
def ProductSagaView(request):
    '''
    商品库存处理服务
    :param request:
    :return:
    '''
    jsonStr = json.loads(request.body)
    name = jsonStr.get('name', '')
    quantity = jsonStr.get('quantity', '0')
    # connection.cursor().cursor.cursor 是使用 Django 的数据库连接对象
    with barrier.AutoCursor(connection.cursor().cursor.cursor) as cursor:
        def orderCallback(c):
            p = Product.objects.filter(name=name).first()
            if p:
                if p.quantity < int(quantity):
                    raise Exception("error")
                else:
                    p.quantity = p.quantity - int(quantity)
                    p.save()
            else:
                raise Exception("error")
        barrier_from_req(request).call(cursor, orderCallback)
    return JsonResponse({'res': 'done'}, safe=False)


@csrf_exempt
def ProductCompensateView(request):
    '''
    商品库存处理补偿服务，用于回滚商品库存处理服务
    :param request:
    :return:
    '''
    # connection.cursor().cursor.cursor 是使用 Django 的数据库连接对象
    with barrier.AutoCursor(connection.cursor().cursor.cursor) as cursor:
```

```
    def orderCallback(c):
        pass
    barrier_from_req(request).call(cursor, orderCallback)
return JsonResponse({'res': 'done'}, safe=False)
```

分析上述代码得知：

（1）视图函数 ProductSagaView 是被服务应用 orders 创建的 DTM 服务调用的，它将执行商品库存处理，订单购买数量是从业务数据 req 获取的，如果商品库存小于订单购买数量或者商品不存在，那么程序将抛出异常；如果商品库存大于或等于订单购买数量，那么对模型 Product 的商品信息进行库存处理。

（2）视图函数 ProductCompensateView 也是被服务应用 orders 创建的 DTM 服务调用的，如果服务应用 orders 的视图函数 OrderSagaView 或视图函数 ProductSagaView 在执行过程中出现异常，那么 DTM 将调用路由 ProductCompensate，对视图函数 ProductSagaView 的数据操作进行回滚处理。

至此，我们已完成 Django+DTM 的订单业务功能，整个功能使用 SAGA 模式完成分布式事务管理。如果想使用其他分布式事务解决方案，可以参考官方提供的示例，由于官方示例是使用 Flask 实现的，因此，要改为 Django 框架，可以结合示例自行开发调试。

10.13　分　布　式　锁

分布式锁是控制分布式系统之间同步访问共享数据资源的一种方式，主要解决分布式系统中控制共享数据资源访问的问题。

分布式锁和分布式事务在概念上较为相似，但两者用于解决不同的业务问题，详细说明如下：

（1）分布式锁用于实现不同服务应用之间的互斥关系，例如多个服务应用同时修改账户余额，如果服务应用之间没有互斥关系，修改数据就会出现数据覆盖问题，从而导致账户余额出现异常。

（2）分布式事务是业务的一系列操作，涉及多行数据或多个数据表的数据操作，并且需要满足 ACID 特性，例如满足原子性操作，要求这些操作要么全部执行，要么全部不执行。

无论是在单站点系统还是分布式系统，只要系统存在并发都会出现数据资源争夺访问的情况，如果同一组数据或资源在同一时刻被不同用户或不同服务的应用访问，那么很大概率会出现脏数据或资源访问限制等问题。

为了解决数据资源的异常问题，可以在系统中加入锁机制。锁机制是为了确保同一组数据或资源在同一时刻只能被一个用户或服务应用访问，其他用户或服务应用将处于阻塞状态。常见的解决方案如下：

（1）数据库的乐观锁和悲观锁。

（2）基于 Redis 实现分布式锁。

（3）基于 ZooKeeper 实现分布式锁。

数据库的乐观锁是在数据表增加一个版本标识（Version）字段，每次更新数据都会判断当前版本的标识字段是不是最新版本标识，如果是，则执行更新，并且对版本标识字段执行变更操作，如果不是，说明数据已经被修改了，则放弃当前的更新操作，需要重新获取数据再进行更新。

Django 实现数据库乐观锁可以使用第三方模块 django-concurrency，它可以给模型增加一个 IntegerVersionField 类型的字段，模型每次调用 save()方法都会自动更新版本标识字段，示例代码如下：

```python
# 模型定义
from django.db import models
from concurrency.fields import IntegerVersionField

STATUS = (
    (0, 0),
    (1, 1)
)

class Product(models.Model):
    id = models.AutoField(primary_key=True)
    version = IntegerVersionField(default=1)   # 定义版本标识字段
    name = models.CharField('名称', max_length=50)
    quantity = models.IntegerField('数量', default=1)
    kinds = models.CharField('类型', max_length=20)
    status = models.IntegerField('状态', choices=STATUS, default=1)
    remark = models.TextField('备注', null=True, blank=True)
    updated = models.DateField('更新时间', auto_now=True)
    created = models.DateField('创建时间', auto_now_add=True)

    def __str__(self):
        return self.name

    class Meta:
```

```
        verbose_name = '产品列表'
        verbose_name_plural = '产品列表'

# 视图函数
from django.http import JsonResponse
from .models import *

def modifyProductView(request):
    result = {'result': 'done'}
    if request.method == 'GET':
        name = request.GET.get('name', '')
        p1 = Product.objects.filter(name=name, status=1).first()
        p2 = Product.objects.filter(name=name, status=1).first()
        p1.quantity = 10
        p2.quantity = 20
        p1.save()
        p2.save()
    return JsonResponse(result, safe=False)
```

分析上述代码得知：

（1）视图函数 modifyProductView 获取请求参数 name，再从模型 Product 中查询相应的数据对象 p1 和 p2，p1 和 p2 代表同一组数据。

（2）分别修改 p1 和 p2 的 quantity 字段，再由 p1 和 p2 依次调用 save()保存数据，当程序执行 p2.save()时，将提示 RecordModifiedError 异常，如图 10-31 所示。由于数据已被 p1 修改，模型的版本标识字段已变更，因此变量 p2 已视为脏数据，从而导致修改失败。

```
  File "D:\Python39\lib\site-packages\django\db\models\base.py", line 780,
    updated = self._save_table(
  File "D:\Python39\lib\site-packages\django\db\models\base.py", line 862,
    updated = self._do_update(base_qs, using, pk_val, values, update_fields,
  File "D:\Python39\lib\site-packages\concurrency\fields.py", line 172, in
    updated = conf._callback(model_instance)
  File "D:\Python39\lib\site-packages\concurrency\views.py", line 15, in ca
    raise RecordModifiedError(_('Record has been modified'), target=target)
concurrency.exceptions.RecordModifiedError: Record has been modified
```

图 10-31　RecordModifiedError 异常

如果模型的数据变更使用的是 update()，那么每次变更之前需要查询数据的版本标识字段，将查询所得的版本标识字段作为数据筛选条件，由查询结果执行数据更新操作，并且数据更新需要自行更新版本标识字段，示例代码如下：

```
# 视图函数
from django.http import JsonResponse
from .models import *
import time


def modifyProductView(request):
    result = {'result': 'done'}
    if request.method == 'GET':
        name = request.GET.get('name', '')
        # 查询当前最新的版本标识字段
        p3 = Product.objects.filter(name=name, status=1).first()
        version = p3.version
        # 将查询所得的版本标识字段作为筛选条件再执行数据更新操作
        f = dict(name=name, status=1, version=version)
        # 使用 update() 更新数据需要自行更新版本标识字段
        u = dict(quantity=66, version=int(time.time()*1000000))
        Product.objects.filter(**f).update(**u)
    return JsonResponse(result, safe=False)
```

数据库的悲观锁是将数据处于锁定状态，它需要依靠数据库内置锁机制实现。Django 实现悲观锁由 select_for_update() 实现，这是一个行级锁，能锁定所有匹配的数据行，如果要查询数据表的所有数据，则锁住整张数据表，示例代码如下：

```
# 视图函数
from django.http import JsonResponse
from .models import *
from django.db import transaction


def updateProductView(request):
    result = {'result': 'done'}
    if request.method == 'GET':
        name = request.GET.get('name', '')
        product = Product.objects.select_for_update().filter(status=1)
        if name:
            product = product.filter(name=name)
        # 可以根据自身需要结合事务一并使用
        with transaction.atomic():
            product.update(quantity=66)
    return JsonResponse(result, safe=False)
```

由于数据库的悲观锁主要是由数据库的锁机制完成的，因此后端代码相对简单，只需调用 select_for_update() 即可。select_for_update() 设有 4 个参数，参数说明建议读者自行查阅 Django 官方文档。

基于 Redis 实现分布式锁是分布式架构中常用的解决方案，实现思路如下：

（1）Redis 负责存储锁信息，程序每次执行业务都会从 Redis 获取锁信息，如果无法获取锁信息，那么程序将处于阻塞状态，一直等待并获取可用的锁信息。

（2）如果成功获取锁信息，那么程序开始执行业务处理，同时将锁信息进行加锁处理并设置超时机制。加锁处理是为了防止其他并发请求获取锁信息，超时机制是为了防止程序长期占用锁而导致死锁情况。

（3）完成业务处理后，程序会对锁信息进行解锁处理，让其他并发请求获取可用的锁信息，开始执行新的业务处理。

从 Redis 实现分布式锁的思路发现，Redis 在整个锁机制里面主要用于存储锁信息和进行超时管理。我们利用这一原理，也可以使用 Django 内置的缓存功能实现分布式锁，但必须保证缓存数据能被所有服务应用访问，程序通过读写缓存数据即可实现加锁、解锁、超时设置功能。

基于 ZooKeeper 实现分布式锁是通过目录节点计算获取锁信息的，实现思路如下：

（1）当系统收到并发请求 A 和 B 时，每个请求都会在 ZooKeeper 的同一个目录创建相应的临时节点 A1 和 B1，并且每个节点都会注册一个监视器，用于监视各个节点的状态变化。

（2）只要当前请求所对应的节点是目录中的最小节点，就能成功获取锁信息。例如节点 B1 大于 A1，那么 A1 将会获取锁信息并执行业务处理。

（3）请求 A 完成响应后，节点 A1 将被删除，节点 B1 的监视器收到变更通知后，判断自己是否为当前的最小节点，如果是则获取锁信息，如果不是则继续获取比自己小的节点并重新注册监视器。

综上所述，我们只简单介绍了数据库的乐观锁和悲观锁、基于 Redis 实现分布式锁、基于 ZooKeeper 实现分布式锁的实现原理，具体实现说明如下：

（1）分布式锁没有固定的实现方案和技术要求，不是只有数据库的乐观锁和悲观锁、Redis、ZooKeeper 才能实现分布式锁，技术选型并不是唯一的，只要制定的实现方案能实现锁机制的核心功能即可。

（2）分布式锁没有分布式事务、消息队列或分布式搜索引擎的开源服务，无法做到开箱即用，必须结合业务需求和系统架构制定可行的方案以及自行编写相应的功能应用。

10.14　分布式 ID

分布式 ID 是分布式系统的全局唯一 ID，在分布式系统中，如果对数据进行分库分表处理，创建数据就会涉及数据主键 ID 生成问题。例如将商品表拆分为商品表 A 和 B，按照传统的数据设计模式，商品表 A 和 B 的数据可以使用数据库主键自增功能，但商品表 A 和 B 可能都会出现 ID=1 的商品信息，并且代表不同的商品，在读取数据或创建订单时，很可能造成数据错乱问题，因此商品表 A 和 B 的每件商品都必须具备唯一 ID 属性。

由于同一类型的数据可能存储在不同的数据库或不同的数据表中，为了保证数据在整个系统中具备唯一性，因此创建数据可以将主键 ID 使用分布式 ID。目前常见分布式 ID 生成解决方案分别如下：

（1）使用 UUID（Universally Unique Identifier，通用唯一识别码）生成分布式 ID。UUID 是一种软件构建标准，它完全能满足分布式 ID 的功能需求，但 UUID 的数据太长并且无序，数据以字符串格式表示，会降低数据查询效率和增加数据存储空间。

（2）使用 MySQL 数据库主键自增生成分布式 ID。如果数据库采用多主集群模式，那么每个数据库通过设置不同的起始值和相同的自增步长实现分布式 ID，即分别设置数据库的配置属性 auto_increment_offset（起始值）和 auto_increment_increment（自增步长）。

例如 3 个数据库（分别命名为数据库 A、B、C）构成主主模式，每个数据库配置如下：

- 数据库 A 的数据从 1 开始，每次自增步长为 3，ID 序号为 1、4、7…。
- 数据库 B 的数据从 2 开始，每次自增步长为 3，ID 序号为 2、5、8…。
- 数据库 C 的数据从 3 开始，每次自增步长为 3，ID 序号为 3、6、9…。

3 个数据库的配置代码如下：

```
set @@auto_increment_offset = 1;      -- 数据库 A 的起始值
set @@auto_increment_increment = 3;   -- 数据库 A 的自增步长


set @@auto_increment_offset = 2;      -- 数据库 B 的起始值
set @@auto_increment_increment = 3;   -- 数据库 B 的自增步长


set @@auto_increment_offset = 3;      -- 数据库 C 的起始值
set @@auto_increment_increment = 3;   -- 数据库 C 的自增步长
```

虽然 MySQL 数据库主键自增能实现分布式 ID，但不利于扩容，如果集群需要添加节点，那么所有数据库的起始值和自增步长都要重新配置。

（3）使用号段模式生成分布式 ID。号段模式是目前所有开源分布式 ID 生成器的主流实现方式之一，它是每次从数据库取出一个号段范围，例如(1,1000]，这代表 1000 个 ID，然后生成 1~1000 的自增 ID 并加载到内存，它不强依赖数据库，并且不会频繁访问数据库，当前号段使用完毕之后，程序会再从数据库获取下一个号段范围，以此类推。

由于号段模式需要从数据库获取号段范围，因此需要使用数据表记录号段信息，实现数据持久化，其数据表结构如下：

```
CREATE TABLE id_generator (
  id int(10) NOT NULL,
  max_id bigint(20) NOT NULL COMMENT '当前最大可用id',
  step int(20) NOT NULL COMMENT '号段步长',
  biz_type int(20) NOT NULL COMMENT '业务类型',
  version int(20) NOT NULL COMMENT '版本号',
  PRIMARY KEY (`id`)
)
```

数据表结构的各个字段说明如下：

- max_id 是号段起始值，例如号段(1,1000]，起始值等于 1，号段获取之后都会更新该字段。
- step 是号段步长，代表每次获取号段的范围值，例如(1,1000]，步长为 1000。
- biz_type 是业务类型，用于区分各个数据表的主键 ID，例如商品 ID、订单 ID、用户 ID 等。
- version 是版本号，用于实现乐观锁，保证并发时能获取正确的号段信息。

（4）使用 Redis 生成分布式 ID。这是利用 Redis 的 incr 命令实现 ID 原子性自增，并且 Redis 具备数据持久化功能，还能搭建高可用集群模式。但是使用 Redis 生成分布式 ID，程序需要引入 Redis 以及编写相应的程序应用，在某种程度上增加了一定的开发成本。

（5）使用雪花算法（SnowFlake）生成分布式 ID。这是 Twitter 的分布式项目采用的 ID 生成算法，开源后受到广大开发者好评，并且在此基础上相继开发出了各具特色的分布式 ID 生成器。雪花算法用来生成 64 位的 ID，刚好可以用 Long 整型存储，能够用于分布式系统的分布式 ID，并且生成的 ID 是有序的。

雪花算法的 ID 组成结构：正数位（占 1 比特）+ 时间戳（占 41 比特）+ 机器 ID（占 5 比特）+ 数据中心（占 5 比特）+ 自增值（占 12 比特），总共 64 比特，组成一个 Long 类型。

雪花算法比较依赖时间，如果服务器时钟出现回拨（服务器时间倒退）就会生成重复的 ID，所以要尽量保证服务器时间同步，大部分开源分布式 ID 生成器都会对时钟回拨问题进行优化。

综上所述，我们分别简述了 5 种分布式 ID 生成方案，每种方案各有优缺点，方案选取需要根据实际应用场景和具体问题进行具体分析。

解决方案只是指导我们如何解决问题，方案落地实施也是一个重要环节，目前大部分实施方案（分布式 ID 生成器）都是以 Java 研发的，主要使用号段模式和雪花算法生成分布式 ID，从而实现开箱即用，常见的分布式 ID 生成器说明如下：

- uid-generator 由百度研发，基于雪花算法实现，但与原始的雪花算法的不同之处在于：uid-generator 支持自定义时间戳、工作机器 ID 和序列号等各部分的位数，而且采用用户自定义 workId 的生成策略。
- Leaf 由美团研发，它同时支持号段模式和雪花算法，并且两者可以切换使用。
- Tinyid 由滴滴研发，它主要实现号段模式，并且提供 http 和 tinyid-client 两种接入方式。

10.15　雪花算法与 Redis 生成分布式 ID

我们发现大部分开源分布式 ID 生成器主要使用号段模式和雪花算法生成分布式 ID，这也是目前分布式 ID 的主流解决方案，但是大部分开源分布式 ID 生成器主要以 Java 研发，如果后端应用是采用 Java 开发的，那么接入开源分布式 ID 生成器可能会增加开发难度和引入其他依赖环境。

如果不使用开源分布式 ID 生成器，那么可以根据分布式 ID 生成解决方案自行编写应用程序。以 Python 为例，目前已有第三方模块实现雪花算法，我们只需通过模块提供的函数方法进行调用即可。

目前实现雪花算法的第三方模块有 pysnowflake 和 toollib。其中 pysnowflake 是以服务形式进行调用的，使用方式类似于消息队列和分布式搜索引擎；toollib 实现雪花算法和使用 Redis 生成分布式 ID，使用方式是通过类的实例化和调用函数方法。

接下来以第三方模块 toollib 为例，分别讲述如何使用雪花算法与 Redis 生成分布式 ID。我们使用 pip 指令安装 toollib（pip install toollib），然后创建 Django 项目并添加项目应用 index，目录结构如图 10-32 所示。

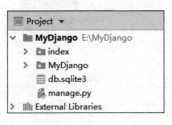

图 10-32　目录结构

在项目应用 index 的 models.py 中定义模型 Product，并对模型执行数据迁移，在数据库 SQLite3 中创建相应的数据表，模型定义过程如下：

```python
# index 的 models.py
from django.db import models

STATUS = (
    (0, 0),
    (1, 1)
)


class Product(models.Model):
    id = models.BigIntegerField(primary_key=True)
    name = models.CharField('名称', max_length=50)
    quantity = models.IntegerField('数量', default=1)
    kinds = models.CharField('类型', max_length=20)
    status = models.IntegerField('状态', choices=STATUS, default=1)
    remark = models.TextField('备注', null=True, blank=True)
    updated = models.DateField('更新时间', auto_now=True)
    created = models.DateField('创建时间', auto_now_add=True)

    def __str__(self):
        return self.name

    class Meta:
        verbose_name = '产品列表'
        verbose_name_plural = '产品列表'
```

下一步在 MyDjango 的 urls.py 和项目应用 index 的 urls.py 中定义路由 createProductSf 和 createProductRd，并在 index 的 views.py 中编写视图函数 createProductSfView 和 createProductRdView，代码实现过程如下：

```python
# MyDjango 的 urls.py
from django.contrib import admin
from django.urls import path, include

urlpatterns = [
    path('', include(('index.urls', 'index'), namespace='index')),
    path('admin/', admin.site.urls),
]
```

```python
# index 的 urls.py
from django.http import JsonResponse
from toollib.redis_cli import RedisCli
from .models import *
from toollib.guid import SnowFlake, RedisUid


def createProductSfView(request):
    result = {'result': 'done'}
    if request.method == 'GET':
        name = request.GET.get('name', '')
        quantity = request.GET.get('quantity', '10')
        d = dict(name=name, quantity=quantity, kinds=name)
        # 创建分布式 ID
        # SnowFlake 实例化
        # 参数说明查看源码文件 Lib\site-packages\toollib\guid.py
        sf = SnowFlake(worker_id=1, datacenter_id=1)
        d['id'] = sf.gen_uid()
        print(f"分布式 ID 为: {d['id']}")
        Product.objects.create(**d)
    return JsonResponse(result, safe=False)


def createProductRdView(request):
    result = {'result': 'done'}
    if request.method == 'GET':
        name = request.GET.get('name', '')
        quantity = request.GET.get('quantity', '10')
        d = dict(name=name, quantity=quantity, kinds=name)
        # 创建分布式 ID
        # RedisCli 连接 Redis
        redis_cli = RedisCli(host='127.0.0.1')
        # RedisUid 是实例化 Redis 对象
        # 参数说明查看源码文件 Lib\site-packages\toollib\guid.py
        ruid = RedisUid(redis_cli, seq_name='product')
        d['id'] = ruid.gen_uid()
        print(f"分布式 ID 为: {d['id']}")
        Product.objects.create(**d)
    return JsonResponse(result, safe=False)
```

分析上述代码得知：

（1）视图函数 createProductSfView 使用雪花算法生成分布式 ID，整个算法功能由 SnowFlake 类实现，当 SnowFlake 类实例化之后，由实例化对象调用 gen_uid()即可生成分布式 ID。SnowFlake 类一共设有 8 个参数，每个参数说明如下：

- worker_id 代表机器 ID。
- datacenter_id 代表数据中心 ID。
- sequence 代表序号。
- epoch_timestamp 代表纪元，默认值为 1639286040000。
- worker_id_bits 代表机器 id 位数。
- datacenter_id_bits 代表服务 id 位数。
- sequence_bits 代表序号位数。
- to_str 代表分布式 ID 是否转为字符串。

（2）视图函数 createProductRdView 使用 Redis 生成分布式 ID，整个功能由 RedisUid 类实现，当 RedisUid 类实例化之后，由实例化对象调用 gen_uid()即可生成分布式 ID。RedisUid 类一共设有 8 个参数，每个参数说明如下：

- redis_cli 代表 Redis 客户端对象，即 Redis 连接对象。
- prefix 代表分布式 ID 的前缀，若参数值为空，则代表不添加前缀。
- seq_name 代表序列名称，作为 Redis 存储键（若参数值为空，则默认取参数 prefix，但两者不能同时为空）。
- seq_beg 代表序列开始，参数值默认为 0。
- seq_len 代表序列长度，参数值默认为 9（若不足，则用 0 填充）。
- seq_ex 代表序列过期时间，若参数值为空，则默认为第二天凌晨。
- date_fmt 代表日期格式，若参数值为空，则代表不添加日期。
- sep 代表分隔符，默认值为空。

综上所述，使用第三方模块 toollib 的雪花算法与 Redis 生成分布式 ID 的使用过程十分相似，它们都是执行类的实例化，并设置相应的实例化参数，再由实例化对象调用 gen_uid()即可生成分布式 ID。

10.16 Consul 实现配置中心

配置是所有程序开发的核心功能之一，它能在程序不中断的情况下动态控制或改变程序功能。

例如，基本循环语句和判断语句也能使用配置实现，从配置信息获取循环次数和判断条件。

常见的配置方式有：代码配置、配置文件、配置中心，每种配置方式详细说明如下：

（1）代码配置是将所有配置信息写在某个代码文件中，例如 Django 的 settings.py，这是整个项目的功能配置文件，如果项目已经部署上线，那么每次修改配置信息之后，必须重新启动项目才能让配置生效。

（2）配置文件是将配置信息写入特定的文件中，程序通过读取文件获取相应的配置信息，目前常见的配置文件有 JSON、YAML、CONF、INI、XML、Properties 等，并且每种文件都有特定的编写格式要求。

使用配置文件不一定能动态控制或改变程序功能，这取决于程序执行过程中是否重新读取配置信息。例如程序在启动时只读取配置文件，并且配置信息存储在某个变量中（配置信息存储在内存中），当执行某个功能时，程序直接从变量（内存）中获取配置信息，即使修改配置文件，变量（内存）的配置信息依旧是配置文件修改前的数据内容。如果程序每次执行都从配置文件读取配置信息，那么修改配置文件就能动态控制或改变程序功能。

（3）配置中心是以系统形式实现配置统一管理的，并且提供接口或页面实现配置操作，程序通过接口读取配置信息，运维人员则通过页面修改配置。

在大型网站中，大部分功能服务都会采用集群模式进行搭建，整个网站由成千上万台服务器提供服务支持，此外，在一些特殊节假日还要开启和关闭节日活动，庞大的服务器集群维护和节日活动开启、关闭都会加大运维人员的工作强度。

假设整个网站采用配置文件控制或改变程序功能，如果一台服务器使用一份配置文件，每次变更配置都要修改所有服务器的配置文件，并且同一个功能服务的集群模式下，所有配置文件都是相同的，那么每次修改配置都是重复的复制、粘贴操作，重复无意义的操作只会浪费时间和增加维护成本。

如果同一个功能服务的所有服务器使用同一份配置文件，那么服务器之间能够同时读取，但读取过程中不能修改，并且无法确认文件正在被哪些服务器读取，当修改配置文件时，很容易出现修改失败的情况。

由此可知，配置文件无法适用于大型网站，因此使用配置中心统一管理配置信息。简单来说，配置中心也是一个功能服务，可以自主开发或使用开源框架，从笔者的角度来看，不建议自主开发配置中心，因为配置中心主要实现配置信息的增、删、改、查操作，常见的开源框架的功能都较为成熟，并且具有较强的业务通用性。

常见的微服务注册与发现的中间件都具备配置中心功能，例如 ZooKeeper、Etcd、Nacos 和

Consul 都提供 KV 存储服务（配置中心功能）。我们以 Windows 操作系统为例，讲述如何使用 Consul 实现网站的配置中心。

关于 Consul 的安装与使用，在 8.10 节已有详细介绍，读者可以回顾 8.10 节的内容。我们使用上线模式启动 Consul，启动指令如下：

```
consul agent -server -ui -bootstrap-expect=1 -data-dir=D:\consul
-node=agent-one -advertise=127.0.0.1 -bind=0.0.0.0 -client=0.0.0.0
```

当 Consul 启动后，在浏览器访问 http://127.0.0.1:8500/，找到并单击 Key/Value，Key/Value 是 Consul 的 KV 存储服务（配置中心功能）的管理页面，如图 10-33 所示。

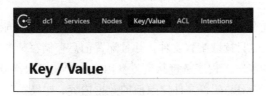

图 10-33　配置中心的管理页面

在配置中心的管理页面找到并单击 Create 按钮即可创建配置信息，配置信息的 Key or folder 用于设置配置名称或文件夹路径，Value 用于设置配置内容，并且配置内容还支持不同的文本格式，详细配置信息如图 10-34 所示，单击 Save 按钮即可保存配置信息。

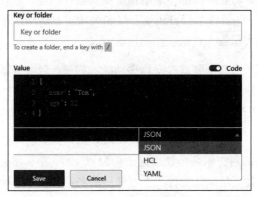

图 10-34　配置信息

配置信息保存成功后，网页会自动跳转到配置中心的管理页面，并且显示新建的配置信息，单击配置名称或者 Actions 按钮即可对当前配置进行编辑或删除操作，如图 10-35 所示。

图 10-35　配置中心的管理页面

我们通过 Consul 提供管理页面实现配置信息的管理操作（增、删、改、查），下一步使用 consul 模块实现 Python 与 Consul 的数据交互，通过 Python 程序实现配置信息的增、删、改、查，实现代码如下：

```python
import consul
import json

# 连接 Consul
c = consul.Consul(host='127.0.0.1', port=8500)
# 获取 Consul 的 KV 存储服务（配置中心功能）对象
kv = c.kv

# 读取操作
# 获取所有 key（配置名称）
_, data = kv.get(key='', keys=True)
# 输出配置内容
print(f'获取所有 key（配置名称）: {"、".join(data)}')

# 读取配置中心的某条配置信息
_, data = kv.get('person')
# 输出配置内容
j = json.loads(data['Value'])
print(f"输出 person 的配置内容: {j}")

# 新增或修改操作
# 若 key（配置名称）已存在，则执行修改操作
# 若 key（配置名称）不存在，则执行新增操作
# 修改配置内容
j['name'] = 'Lily'
```

```
kv.put('person', json.dumps(j))
# 新增配置内容
kv.put('city', json.dumps({'name': 'shenzheng'}))


# 删除操作
# 通过 key（配置名称）实现删除操作
# kv.delete('person')
```

上述代码说明如下：

（1）使用 consul 模块的 Consul 类连接 Consul 服务，生成实例化对象 c，再由实例化对象 c 通过 kv 属性获取 Consul 的 KV 存储服务（配置中心功能）对象 kv。

（2）Consul 的 KV 存储服务（配置中心功能）对象 kv 定义了 3 个方法：get()、put() 和 delete()，分别代表配置信息的获取、新增或修改、删除操作。

（3）对象 kv 的 get() 方法说明如下：

- get() 方法设有 9 个参数，只有参数 key 是必选参数，其他参数为可选参数，参数 key 代表配置名称。
- 如果获取全部配置信息，那么参数 key 设为空字符串，并且参数 keys=True；如果只获取某个配置信息，那么只需设置参数 key 即可，其他参数说明可以查阅源码文件或官方文档。
- 返回值以列表格式或字典格式返回，如果返回值是列表格式，说明获取所有配置名称（kv.get(key='', keys=True)），列表的每一个元素代表某一个配置名称；如果返回值是字典格式，说明获取某个配置信息（kv.get('person')），其中字典的 Value 代表配置内容，以字节格式表示，使用 json 模块转换为字典格式即可。

（4）对象 kv 的 put() 方法说明如下：

- put() 方法设有 8 个参数，只有参数 key 和 value 是必选参数，其他参数为可选参数，参数 key 代表配置名称，参数 value 代表配置内容。
- 如果参数 key 已存在 Consul 的 KV 存储服务，那么程序会将原有的配置内容替换为参数 value 的参数值。
- 如果参数 key 不存在 Consul 的 KV 存储服务，那么程序会新增配置信息，参数 key 和 value 分别作为配置名称和配置内容。

（5）对象 kv 的 delete() 方法说明如下：

- delete() 方法设有 5 个参数，只有参数 key 是必选参数，其他参数为可选参数，参数 key

代表配置名称。

- 如果参数 key 不存在 Consul 的 KV 存储服务，那么程序调用 delete()方法不会出现异常。

综上所述，配置中心是大型网站架构的常用功能之一，它能为运维人员节省大量运维时间，并且操作使用较为简单，但配置信息必须要有严格的规范，因为程序是通过配置名称获取配置内容的，如果配置名称经常更改，程序可能也要随之变更，这样也会增加不必要的维护成本。

10.17　服务降级技术

任何系统架构都会存在阈值，当用户流量和并发量突然临近阈值时，系统就会出现响应过慢或宕机的情况。对于爆发增长的吞吐量可以扩建集群设备数，从而提高系统阈值，但负载下降时，还要缩减集群设备数，因为爆发增长的吞吐量通常只会维持一段时间，例如商品秒杀、限时抢购活动等。

虽然扩建和缩减集群设备数可以解决短期内暴增的吞吐量，但实施过程需要一定时间，如果系统架构的扩展性较差，增减集群设备数可能会对系统功能造成一定影响。除了增减集群设备数之外，还可以对系统进行降级、限流和熔断处理。

降级是在服务器压力剧增的情况下，根据实际业务情况及流量，对一些非核心的服务或页面进行策略处理（例如停止访问或使用静态页面），从而释放服务器资源以保证核心业务能正常运作或高效运作。

降级是系统保护的重要手段，以保证系统的高可用，简单理解，降级就是丢车保帅，在系统压力极大时，暂时不做非必要动作，以保证系统核心功能的正常运行。降级策略可以分为 3 个维度：自动化维度、功能维度和系统层次维度，详细说明如下：

（1）自动化维度分为自动开关降级和人工开关降级，分别说明如下：

- 自动开关降级是系统在运行过程中根据自身状态自动触发降级处理，当出现访问超时、系统故障或服务器运行异常等情况时能自动调整，主要通过修改配置中心的配置信息来控制业务功能的运行状态。实现自动开关降级需要有完善的运维体系和实施方案。运维体系主要能实时监控整个系统的运行情况，需要搭建健全的运维监测系统；实施方案是根据监测结果执行功能调整，例如服务器 CPU 占用率达到多少应如何处理、服务器故障应如何处理等解决方案。
- 人工开关降级是根据业务情况进行功能调整，例如商城活动开始之前关闭某些非核心功能、新旧功能上线切换等。这类需求可以通过人工开关降级实现，实现方式主要是修改配置中心的配置信息，从而控制业务功能的运行状态。

（2）功能维度分为数据读取降级和数据写入降级，分别说明如下：

- 数据读取降级用于减少非核心数据读取，主要减少用户的 HTTP 请求，从而降低服务器的资源开销。例如商品详情页会出现商家信息、推荐信息、配送至信息、相关分类、热销榜等数据，这类数据都不是核心数据，所以这部分数据可以不显示或延长缓存过期时间。
- 数据写入降级主要使用异步方式实现数据写入，使用消息队列、异步任务、多线程等方式执行数据写入，从而提升业务处理速度。

（3）系统层次维度分为页面 JS 降级开关、接入层降级开关、应用层降级开关，详细说明如下：

- 页面 JS 降级开关用于控制页面功能降级，主要减少非核心功能的 HTTP 请求，这样可能导致非核心功能无法使用。前端 JS 通过 HTTP 请求获取配置中心的配置信息，根据配置信息控制功能开启与关闭。
- 接入层降级开关用于对 HTTP 请求入口进行控制，例如 Nginx 或 API 网关，Nginx 主要通过限流进行降级，API 网关主要过滤非必要的 HTTP 请求。
- 应用层降级开关是控制某个应用服务的功能开关，例如商品评论功能，默认情况下，用户提交商品评论时数据同步写入数据库，提交成功后，用户应该能即时看到刚提交的评论信息，当改变配置中心的配置信息之后，用户提交的商品评论变为异步写入数据库，用户提交后无法即时看到刚提交的评论信息，信息将会延时显示。

综上所述，降级是为了保证系统的核心功能有足够的资源执行业务功能，主要用于减少非核心功能的资源占用和提高核心功能的处理速度，详细说明如下：

（1）非核心功能可以关闭服务功能，实现方式没有唯一标准，可以从页面 JS、HTTP 接入层、后端功能应用等各个方面实现。

（2）非核心功能使用缓存或页面静态化处理。使用缓存是所有数据由缓存生成，不再从 API 接口获取数据。页面静态化处理是通过静态化技术生成静态网页，这样用户在访问网页时，服务器直接给用户响应静态页面，无须从数据库获取数据。

（3）核心功能主要是加快业务速度，将数据同步写入改为异步写入，但数据不能实时显示。

10.18　服务限流方案

限流可以认为是服务降级的一种，用于限制系统的输入和输出，从而保证吞吐量不超过系统阈值。当吞吐量临近系统阈值时，我们可以通过限流技术控制当前的吞吐量，例如延迟处理、拒绝处理、部分拒绝处理等。

限流适用于整个系统架构，它可以从 6 个维度进行划分，如图 10-36 所示。

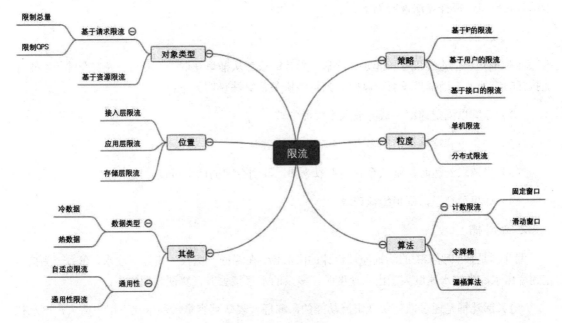

图 10-36　限流分类

从图 10-36 可知，限流可以从对象类型、策略、位置、粒度、算法及其他进行分类，其中限流位置和限流算法是实现限流的核心思想，主要告诉我们在什么地方（限流位置）实现什么样的限流功能（限流算法）。

限流在不同的位置有不同的实现方式，并且同一位置可能有多种实现方式，详细说明如下：

- 限制并发数，如控制数据库连接池数，主要作用在存储层；控制业务执行的线程数，主要作用在应用层。
- 限制瞬时并发数，如 Nginx 的 limit_conn 模块，用来限制瞬时并发连接数，主要作用在接入层。
- 限制平均速率，用来限制每秒的平均速率，如 Guava 的 RateLimiter 或 Python 的 python-redis-rate-limit 等，这些都是作用在应用层；Nginx 的 limit_req 模块，主要作用在接入层。
- 限制远程接口调用速率，主要作用在接入层和应用层，它与限制平均速率的实现过程大致相似，只是在逻辑上略有不同。

- 限制消息队列的消费速率，主要作用在应用层，降低消费速度可以降低数据读写压力，因为消费者经常与数据库发生数据交互，所以降低消费速率也就是降低数据库负载压力。

限流算法被称为限流器，目前限流器有 4 种算法，分别为令牌桶、漏斗桶、固定时间窗口、滑动时间窗口，每种算法说明如下。

1. 令牌桶

令牌桶是以恒定速度往桶里放入令牌，所有请求都从桶里获取一个令牌，只有令牌的请求才能执行响应处理，当桶里没有令牌时，则拒绝服务，算法说明如下：

（1）令牌以固定速率生成并放入令牌桶中。

（2）如果令牌桶满了，则多余的令牌会直接丢弃。

（3）当请求到达时，则从令牌桶中取令牌，取到令牌的请求可以继续执行。

（4）如果桶空了，则拒绝该请求。

2. 漏斗桶

漏斗桶是按照现实中的漏桶原理设计的限流器，在漏桶一侧按一定速率注水，在另一侧按一定速率出水，当注水速度大于出水速度时，多余的水直接丢弃，算法说明如下：

（1）漏斗桶是通过队列实现限流功能的，漏桶代表队列容量，注水代表用户请求，出水代表请求响应。

（2）当队列的入队数量（用户请求量）大于出队数量（请求响应量），并且入队数量超出漏斗桶容量时，超出部分则拒绝服务，其余的按照先进先出原则进行响应处理。

（3）限流数量取决于队列容量大小，当短时间内有大量突发请求时，每个请求在队列中可能需要等待一段时间才能被响应。

3. 固定时间窗口

固定时间窗口是将时间切分成若干个时间片，每个时间片内固定处理若干个请求，由于这种算法实现简单，因此算法逻辑不是非常严谨，适用于一些要求不严格的场景，算法说明如下：

（1）所有请求按照发生时间进行处理，假设以秒为单位，1 秒内允许执行 100 个请求。

（2）如果同一秒有 105 个请求，前 100 个请求能执行响应处理，最后的 5 个请求则拒绝服务。

（3）在一些极限情况下，实际请求量可能达到限流的 2 倍。例如 1 秒内最多 100 个请求。假设 0.99 秒刚好达到 100 个请求，在 1.01 秒又达到 100 个请求，这样在 0.99 秒到 1.01 秒这段时间内就有 200 个请求，这并不是严格意义上的每一秒只处理 100 个请求。

4. 滑动时间窗口

滑动时间窗口是对固定时间窗口的一种改进，算法说明如下：

（1）将单位时间划分为多个区间，一般是平均分为多个小的时间段。

（2）每一个区间内都有一个计数器，如果请求落在这个区间内，该区间内的计数器就会进行加 1 处理。

（3）每过一个时间段，时间窗口就会往右滑动一格，抛弃最前的一个区间，并往右滑动一格作为一个新的区间。

（4）计算整个时间窗口内的请求总数时会累加所有的时间片段内的计数器，若计数总和超过了限制数量，则窗口内所有的请求都会被丢弃。

（5）常见的实现方式是基于 Redis 的 Zset 和循环队列实现。Zset 的 Key 作为限流标识 ID；Value 需要具备唯一性，可以用 UUID 生成；Score 以时间戳表示，最好是纳秒级。使用 Redis 提供的 ZADD、EXPIRE、ZCOUNT 和 Zremrangebyscore 指令实现 Zset 的数据操作，同时可以开启 Redis 的 Pipeline 提升性能。

综上所述，限流算法是为我们提供限流的解决方案，限流位置是为限流算法提供实现位置，限流的对象类型、策略、粒度和其他是为制定实施方案提供数据支持和研判。

我们知道限流有多种实现方式，例如限制并发数、限制瞬时并发数、限制平均速率、限制远程接口调用速率、限制消息队列的消费速率等，目前常见的限流解决方案是从限制瞬时并发数和平均速率实现限流功能。

限流解决方案的技术实现手段非常多，而分布式限流关键是要将限流服务做成原子化，例如使用 Redis+Lua 或者 Nginx+Lua 实现分布式限流，并且支持高并发和高性能。此外，我们还可以通过 Nginx 和 Python 的第三方功能模块实现限流功能。

使用 Nginx 实现限流功能主要作用在系统的接入层，Nginx 主要提供两种限流的方式：控制速率和控制并发连接数。控制速率是由配置属性 limit_req_zone 和 limit_req 实现的，控制并发连接数是由模块 ngx_http_limit_conn_module 实现的。

使用 Python 的 python-redis-rate-limit、ratelimit、asgi-ratelimit 等第三方模块实现限流功能主要作用在系统应用层，不同模块的使用方式各有不同，如果想了解更多限流功能模块，可以在 GitHub 搜索关键词 rate limit 获取更多信息。

10.19　服务熔断功能

服务熔断属于服务降级的一种实现方式,它是指应用服务因某种原因突然变得不可用或响应过慢,系统为了保证整体服务的可用性,不再继续调用目标服务,如果目标服务恢复正常,则恢复调用。

在分布式系统中,某个基础服务出现异常很可能导致整个系统无法使用,这种现象被称为服务雪崩效应。解决服务雪崩主要通过服务降级处理,而服务熔断是处理方案之一,它是通过熔断器(Circuit Breaker)实现服务的熔断。

熔断器一共设有 3 个状态:打开(open)、关闭(closed)和半开(half-open),每种状态的转换逻辑如图 10-37 所示。

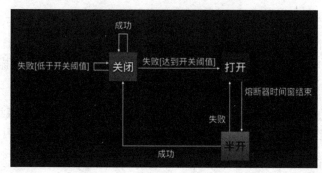

图 10-37　熔断器的状态转换逻辑

从图 10-37 分析得知,熔断器在 3 种状态之间自动切换,说明如下:

- 关闭→打开:正常情况下,熔断器处于关闭状态,当服务的健康状态高于设定阈值时,熔断器保持关闭状态,当服务的健康状态低于设定阈值时,熔断器从关闭状态切换到打开状态。
- 打开→半开:当服务的熔断器处于打开状态时,熔断器设有一个时间窗口(一般设置为平均故障处理时间(Mean Time To Repair,MTTR),如果打开状态的持续时间超过时间窗口,那么熔断器将从打开状态切换到半开状态。
- 半开→关闭:当服务的熔断器处于半开状态时,熔断器允许部分服务请求,如果全部(或一定比例)的请求调用成功,则熔断器恢复关闭状态,否则熔断器设为打开状态,所有服务请求将被禁止调用,并且重新记录时间窗口的开始时间。

常见的熔断器组件有 Hystrix、Resilience4j、Sentinel 等，但大部分熔断器都是采用 Java 开发的，目前只有 Sentinel 提供 Java、Go、C++等语言的原生支持。

如果系统后端使用 Python 开发，那么可以使用轻量级熔断器，如第三方模块 pybreaker 或 circuitbreaker，详细使用与说明可以参考 GitHub 官方网站。

```
# 熔断器 pybreaker
https://github.com/danielfm/pybreaker
# 熔断器 circuitbreaker
https://github.com/fabfuel/circuitbreaker
```

10.20　本 章 小 结

Cookie 是从浏览器向服务器传递数据，让服务器能够识别当前用户，而服务器对 Cookie 的识别机制是通过 Session 实现的，Session 存储了当前用户的基本信息，如姓名、年龄和性别等。由于 Cookie 存储在浏览器里面，而且 Cookie 的数据是由服务器提供的，如果服务器将用户信息直接保存在浏览器中，就很容易泄露用户信息，并且 Cookie 大小不能超过 4KB，不能支持中文，因此需要一种机制在服务器的某个域中存储用户数据，这个域就是 Session。

JWT 是在网络应用环境传递的一种基于 JSON 的开放标准，它的设计是紧凑且安全的，用于在各个系统之间安全传输 JSON 数据，并且经过数字签名，可以被验证和信任，特别适用于分布式的单点登录场景。JWT 的声明一般被用在客户端和服务端之间传递信息，以便从服务器获取数据，也可以对一些业务逻辑进行声明，不仅能直接用于认证，也可对数据进行加密处理。

在单站点架构中，由于网站系统没有太多并发量和数据量，因此缓存功能需求不会过于复杂。但在分布式架构中，缓存（分布式缓存）比单站点架构缓存更为复杂，网站存在高并发和数据频繁读写，需要考虑缓存的数据一致性、穿透、击穿和雪崩等问题。

消息队列（Message Queue，MQ）是利用高效可靠的消息传递机制进行与平台无关的数据交流，并且基于数据通信来进行分布式系统的集成，也是在消息传输过程中保存消息的容器，消息队列本质上是一个队列，而队列中存放的是一条条消息。

队列是一个数据结构，具有先进先出的特点，而消息队列就是将消息存放到队列中，用队列做存储消息的介质。消息的发送方称为生产者，消息的接收方称为消费者。

消息队列主要由 Broker（消息服务器，核心部分）、Producer（消息生产者）、Consumer（消息消费者）、Topic（主题）、Queue（队列）和 Message（消息体）组成。

在分布式系统架构中，搜索引擎也称为分布式搜索引擎，目前主流的分布式搜索引擎以 Elasticsearch 为主。它是一个分布式、高扩展、高实时的搜索与数据分析引擎，能方便地使大量数据具有搜索、分析和探索的能力，并且充分具备伸缩性，能使数据达到实时搜索、稳定、可靠、快速。

常见的分布式事务解决方案有两阶段提交（2PC）、三阶段提交（3PC）、补偿事务（TCC）、SAGA 模式、XA 模式、本地消息表、事务消息。

分布式锁是控制分布式系统之间同步访问共享数据资源的一种方式，主要用于解决分布式系统中控制共享数据资源访问的问题。

分布式锁和分布式事务在概念上较为相似，但两者用于解决不同的业务问题，详细说明如下：

（1）分布式锁用于实现不同服务应用之间的互斥关系，例如多个服务应用同时修改账户余额，如果服务应用之间没有互斥关系，修改数据就会出现数据覆盖问题，从而导致账户余额出现异常。

（2）分布式事务是业务的一系列操作，涉及多行数据或多个数据表的数据操作，并且需要满足 ACID 特性，例如满足原子性操作，要求这些操作要么全部执行，要么全部不执行。

分布式 ID 是分布式系统的全局唯一 ID，主要确保系统数据具备唯一性。目前常见的分布式 ID 生成解决方案如下：

- 使用 UUID 生成分布式 ID。
- 使用 MySQL 数据库主键自增生成分布式 ID。
- 使用号段模式生成分布式 ID。
- 使用 Redis 生成分布式 ID。
- 使用雪花算法（SnowFlake）生成分布式 ID。

配置是所有程序开发的核心功能之一，它能在程序不中断的情况下动态控制或改变程序功能，常见的配置方式为代码配置、配置文件、配置中心。

配置中心是大型网站架构的常用功能之一，它能为运维人员节省大量运维时间，并且操作使用较为简单，但配置信息必须要有严格的规范，因为程序是通过配置名称获取配置内容的，如果配置名称经常更改，程序可能也要随之变更，这样也会增加不必要的维护成本。

降级是在服务器压力剧增的情况下，根据实际业务情况及流量，对一些非核心的服务或页面进行策略处理（例如停止访问或使用静态页面），从而释放服务器资源以保证核心业务能正常运作或高效运作。

限流可以认为是服务降级的一种，用于限制系统的输入和输出，从而保证吞吐量不超过系统阈值。当吞吐量临近系统阈值时，我们可以通过限流技术控制当前的吞吐量，例如延迟处理、拒绝处理、部分拒绝处理等。

服务熔断属于服务降级的一种实现方式，它是指应用服务因某种原因突然变得不可用或响应过慢，系统为了保证整体服务的可用性，不再继续调用目标服务，如果目标服务恢复正常，则恢复调用。